U0189836
跟着蛟龙去探海

跟着蛟龙去探海

总主编 刘峰
执行总主编 李新正

奇妙生物圈

李新正 ◎ 主编

袁梓铭 叶沛沅 **文稿编撰**
孙玉苗 石思沅 **图片统筹**

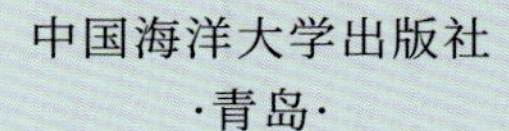

中国海洋大学出版社
·青岛·

跟着蛟龙去探海

总主编　刘　峰

执行总主编　李新正

总前言

/

Foreword

跟着蛟龙去探海，一路潜行

深海，自古以来就带给了人类无限的遐想，从“可上九天揽月，可下五洋捉鳖”的美好向往，到凡尔纳笔下“海底两万里”的奇幻之旅，人类对它的好奇催生了一次又一次的探索与发现之旅。随着深海的神秘面纱被一点点揭开，呈现在我们面前的是一个资源宝库。对于深海资源的保护与利用，关系到人类的未来。与此同时，建设海洋强国的号召也为我国的科研工作者带来了新的使命，对于深海的探索是我们开发海洋、利用海洋、保护海洋至关重要的一环。

“蛟龙”号应运而生。我国首台自主设计、自主集成的 7 000 米级载人潜水器“蛟龙”号的诞生，揭开了我国载人深潜的新篇章，使得我国成为继美、法、俄、日之后世界上第五个掌握大深度载人深潜技术的国家。

“跟着蛟龙去探海”科普丛书以我国“蛟龙”号载人潜水器及其深海探测活动为背景，带你走进那神秘而令人神往的深海世界——

在过去漫长的岁月里，为了实现走向深蓝的海洋梦，人类进行了无数次尝试。从深海潜水球到“奋斗者”号潜水器，科技的发展使人类逐步走向深海。《探海重器》带你走进潜水器的世界。这里有搜寻过“泰坦尼克”号沉船的 “阿尔文”号潜水器，有为日本深海研究立下过汗马功劳的“深海 6500”号潜水器，更有在马里亚纳海沟下潜到 7 062 米、创造了同类载人潜水器最深下潜世界纪录的“蛟龙”号载人潜水器。

在《海底奇观》中，我们一起探索变幻莫测的深海海底的奇迹与奥秘。在这里，有挺拔的大陆隆，有狭长延绵的海岭，有平坦的深海平原，有如海洋脊梁的大洋中脊，有冒着滚滚烟雾的海底“黑烟囱”，有冒着泡泡的海底冷泉……它们高低起伏，呈现出不同的状态，再加上密密麻麻的贻贝群落、长着大“耳朵”的“小飞象章鱼”、丛生的珊瑚等，搭建出瑰丽神秘的“海底花园”。

蛟龙似箭入深海，探索生命利万世。“维纳斯的花篮”偕老同穴、超级耐热的庞贝虫、在海底“黑烟囱”旁“生根发芽”的巨型管虫、长着亮粉色古怪胸眼的裂隙虾、在海底独霸一方的铠甲虾、仿佛来自地狱的深海幽灵蛸……《奇妙生物圈》让你认识异彩纷呈的深海生命。然而这里早已不是一片净土，深海污染让人忧心——无孔不入的微塑料、距离海面一万多米的马里亚纳海沟最深处的塑料袋……

《深海宝藏》带你去被誉为21世纪人类可持续发展的战略“新疆域”——深海寻宝。深海蕴藏着人类社会未来发展所需的丰富资源，这里有可提供优质蛋白质的“蓝色粮仓”、前景广阔的“蓝色药库”、种类繁多的深海矿产。在“蛟龙”号载人潜水器等深海利器的协

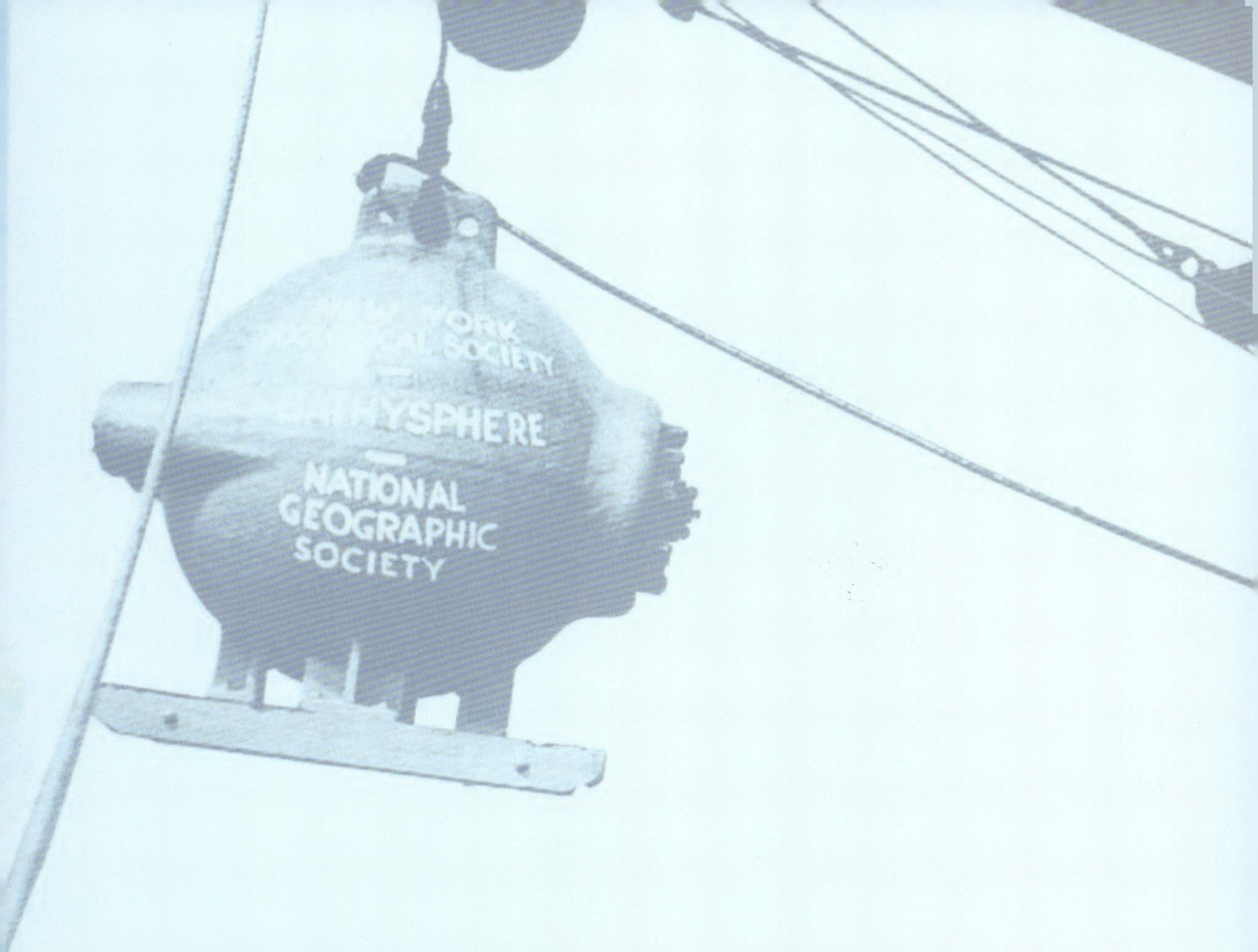

助下，一个个海底“聚宝盆”逐渐向世人展示出它们的宝贵价值。

浩渺海洋，变幻莫测，尤其在深海海底潜藏着许多人类未知的宝藏。“蛟龙”号载人潜水器是中国深潜装备发展历程中的一个重要里程碑。它的研制成功吹响了中华民族进军深海的号角。

“跟着蛟龙去探海”科普丛书就像一个符号，书写着人类对于深海的好奇与热情、对于深海探索的笃定之心，更抒发着我们对于每一位心系深海、为我国海洋科学事业默默付出和无私奉献的深潜勇士和科研工作者的敬慕之心。

就让我们随着“蛟龙”号载人潜水器的脚步，踏上这奇妙的深海之旅，见证探海重器的诞生，走近雄伟壮阔的海底奇观，揭秘生活于黑暗中的奇妙生物，探索那埋藏于洋底的深海宝藏。

前　言

/

Preface

传说中，深海居住着神明与怪物，隐没了失落的城市和被遗忘的人们。《逍遥游》中的鲲、《西游记》中的龙王、《奥德赛》中的海妖塞壬……古籍中这些神奇的描述无一不体现着人们对海洋的好奇和敬畏。

人类从未停止过对海洋的探索。从 1691 年英国科学家埃德蒙·哈雷发明了真正意义上的潜水器——潜水钟开始，人们慢慢揭开了深海的面纱。

这里虽然没有龙宫和亚特兰蒂斯，却有着独特的、欣欣向荣的生态系统。深海热液区很可能是孕育原始生命的“温床”；海底冷泉附近，大量的甲烷氧化菌和硫酸盐还原菌铺成了斑斓的菌席；分散的海山成为深海生物扩张的踏脚石；“一鲸落，万物生”，堕入深海的鲸尸在荒凉的大洋底撑起一片绿洲……

这里虽然没有神仙和海怪，却有许多相貌超凡脱俗、生活习性奇特的生物。裸海蝶如同童话中的精灵；鳞角腹足蜗牛有一身“铁骨”；宽咽鱼的嘴巴可以张得比自己的身子还要大；成对的俪虾在被称为“维纳斯的花篮”的玻璃海绵中相伴终生；居氏拟人面蟹会把海绵当作盾牌使用；雄性密棘角鮟鱇会寄生在伴侣身上，逐渐和伴侣融合，最终只剩下一对精巢和鳃……种类众多、形态各异的生物如同繁花星辰，兀自绽放闪耀，让苍茫的深海精彩纷呈，魅力无穷。

就让我们乘坐“蛟龙”号载人潜水器，踏上这次发现之旅，去探访那些鲜为人知、引人无限遐想的深海“居民”。■

目　录

Contents

不依赖阳光的生态系统和特殊的深海生态系统

异彩纷呈的深海生命

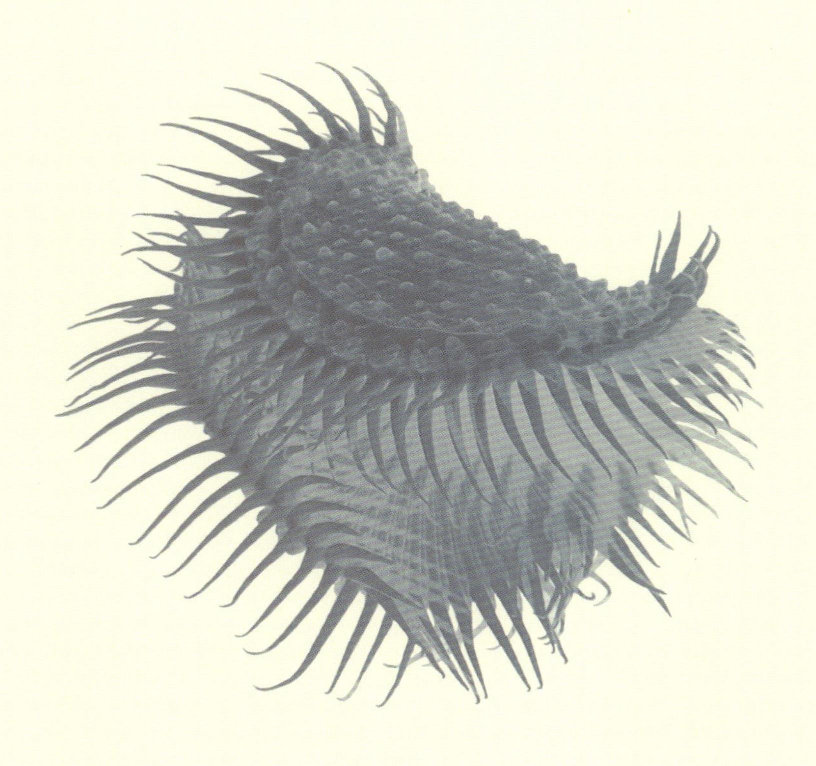

不依赖阳光的生态系统和特殊的深海生态系统

“万物生长靠太阳。”人们往往认为阳光是生物唯一的能量来源，它让花繁叶茂、草长林丰，使地球生机盎然。然而，在黑漆漆的深海，生物们另辟蹊径，建造了欣欣向荣的“家园”。

热液生态系统

生态系统中的生命，依其在生态系统中的功能可划分为三大类群：生产者、消费者和分解者。生产者利用自然界中的能量，将无机物转化为有机物储存起来，不仅为自身的生存、生长和繁殖提供营养物质和能量，也为其他生命提供了生存所必需的营养物质。绝大多数生产者借助阳光进行光合作用，生产有机物。无论是陆地上的花草树木，还是江河湖海里的水草藻类，甚至是某些肉眼难辨的光合细菌，都能够把太阳能转化为化学能储存起来。所以，人们往往认为，阳光照不到的深海一片漆黑，就像是贫瘠的沙漠，只有极少数海洋生物能够

热液区生物群落

位于西太平洋的“黑烟囱”

借助水中缓缓落下的微量有机物维持生存。

然而，随着科技的发展，潜水器的性能逐渐提高，深海神秘的面纱逐渐被揭开。相比起繁华的浅海，深海确实如沙漠般荒芜。但在这片“沙漠”中，却也存在许多充满生机的“绿洲”。

深海热液区就是这样一处生命的绿洲。1974 年，美国科学家在大西洋中脊发现热液活动现象。1977 年，美国的“阿尔文”号载人潜水器在东太平洋的加拉帕戈斯裂谷进行深海调查活动。当它潜到大约 2 500 米深时，科学家首次发现了繁盛的海底热液生物群落。这神奇的景象引起了科学家极大的兴趣，深海化能环境生物群落考察研究的序幕就此拉开。

到今天为止，人们已经在大洋底部发现了超过 500 处热液区，它们大多沿着地球板块的边界呈条带状分布。

海底喷发的热液，状如烟囱中冒出来的滚滚浓烟。这些热液喷口因此被形象地称为海底“烟囱”。这些“烟囱”喷出物的温度远高于周围同深度海水的温度。我国科学家利用“发现”号无人潜水器和自制的温度探头在西南太平洋马努斯热液区测得的“烟囱”喷出物的最高温度是 378 摄氏度。“热液”的“热”字因此而来。热液区的“烟囱”大致可以分为两种：一种的喷出物富含硫化物，呈黑色，被称为“黑烟囱”；另一种的喷出物则富含硫酸盐，呈白色，被称为“白烟囱”。相对来说，“白烟囱”要比“黑烟囱”“冷”一点。热液区的环境极端恶劣：黑暗、高温、高压、缺氧、有毒。可就是在这样一个恶劣的环境中，集中生活着种类繁多的生物：细菌、蠕虫、虾、蟹、贝、鱼。这些生物形成了一个庞大而复杂的生物群落。

可是，阳光难以到达深海热液区。这个生态系统的生产者难道可以不通过光合作用进行有机物的合成吗？又是谁不依赖阳光，承担生产者的重任呢？

事实确实如此。这里的生产者并不依赖阳光，而是从不断喷涌的热液中找到了能量来源。在热液区内生活着许多特殊的微生

大西洋洋中脊 3 300 米深处的“黑烟囱”

“白烟囱”

深海热液区

物，有的是细菌（如硫化细菌），有的是古细菌。这些微生物都拥有一种特殊的能力，即能利用热液喷口不断喷发或者渗出的甲烷、硫化氢等气体参与的氧化还原反应释放的化学能，并以二氧化碳为原料合成糖类等有机物。这一过程被称为化能合成作用。这些微生物被称为化能自养微生物。这样的海底环境被称为化能环境。在暗无天日的深海热液区，化能自养微生物承担起生产者的重任，成功地固定和利用环境中的化学能，不仅保证了自己的生活，而且为无数异养生物的生存提供了基础。它们是这种化能生物群落中的第一营养级，即食物链的第一环。

热液生物群落中的优势种（或者叫作景观种）是身体粒径在0.5毫米以上的底栖动物。底栖动物与化能自养微生物共生，其身体表面或者身体内部为化能自养微生物提供生长繁殖场所，同时通过取食化能自养微生物及其代谢产物获得营养，是群落的第二营养级，即食物链的第二环。以热液生物群落的优势种为食物的是大型蟹类，即石蟹类。作为群落的顶级捕食者，石蟹类是群落的第三营养级，也就是这条食物链的第三环。

热液区生物群落

管状蠕虫和软体动物在这个生态系统中常见。它们分别是这里极具代表性的初级消费者和次级消费者。管状蠕虫能够分泌几丁质，构筑坚硬的栖管。这些栖管一端固定在岩石上，另一端则向外延伸。管状蠕虫可以将自己羽毛状的鳃羽（branchial plume）从栖管的末端伸出，吸收海水中的氧气及热液带来的硫化物、二氧化碳等物质，并将其运送至体内。管状蠕虫体内有一结构称为营养体（trophosome），里面“囤积”了大量化能自养微生物。管状蠕虫将自己吸收的无机物运送至营养体，作为化能自养微生物进行化能合成作用的原料。而化能自养微生物生产的有机物除了一部分用于维持自己生存之外，剩下的则作为“回报”供管状蠕虫享用。深海的某些软体动物也能够和化能自养微生物共生，如某些深海贻贝或者大蛤。这些贝类和它们生活在浅海的“亲戚”有所不同，它们有巨大而且异常发达的鳃。与它

巨型管虫

们共生的化能自养微生物就居住在鳃内，为它们提供能量。当然，这些贝类也有其他获得营养的方式，它们可以从水流中滤食少量的有机物。不过，滤食的有机物只是它们的“食谱”中很小的一部分，它们的食物主要还是靠化能自养微生物提供。

管状蠕虫

与管状蠕虫和软体动物相比，甲壳动物（主要是虾和蟹）的移动能力就强得多了，因此它们可以通过捕食为自己提供营养。但同时它们也会与化能自养微生物共生。化能自养微生物附着在甲壳动物的外壳或鳃的表面生活。甲壳动物会用附肢刮下来一些微生物当作自己的食物。所以，相比起互利互惠的共生关系，这些甲壳动物更像是在“饲养”微生物。

热液生态系统是存在于深海中的特殊生态系统，分布在热液喷口附近，以能利用化学能的自养微生物为初级生产者。生存在不同热液区的生物群落是有差异的。例如，在温度较高的热液区，管状蠕虫往往密度很大；而在温度较低的热液区，软体动物在数量上则经常占上风。

甲壳动物

热液活动周期长短不一。有的热液活动可以延续2万年，有的活动周期只有十几年。沉寂的热液喷口也可能重新喷发。这些变化都会给生物群落的消长带来极大的影响。

在对海底热液生态系统研究的基础上，有科学家提出了“生命起源于海底热液喷口”的假说。早期地球表面的环境非常恶劣，辐射强烈，天体撞击时有发生，陆地表面或是比较浅的水域不利于生命的繁衍，“贫瘠”的深海却提供了一个相对安全的环境，成为孕育原始生命的“温床”。原始大气中没有氧气，而有二氧化碳、水蒸气、一氧化碳、硫化氢和少量的氢气、甲烷等。原始海洋热液活动剧烈而广泛，富含还原态的金属阳离子和二氧化碳、硫化氢、甲烷、氢气等还原性气体，pH较低，呈酸性。那时海水的温度在70℃以上，甚至接近沸腾。这样的环境和海底热液喷口周围的环境尤为相似。海底热液喷口周围有着生命起源所必需的多种条件，为生命的产生创造了适宜的环境。热液中含有多种无机物，为生命的诞生和演化提供了必要的原料。同时，热液喷口处的温度非常高，为有机小分子合成大分子提供了反应所必需的能量。此外，海底热液区复杂多样的环境条件也有利于生命的演化。

不活动的“黑烟囱”

支持这一假说的最重要的证据就是根据“分子钟”理论和基于生物基因序列勾勒出的“生命演化树”。一个生物越接近演化树的“根”部，就说明它起源得越早。科学家发现，位于“生命演化树”“根”部的大多是嗜热细菌和古细菌。它们是海底热液生态系统的初级生产者。它们生活在无光、高温、高压、缺氧、含硫的极端条件下，能够利用环境中的多种无机化学反应所释放出来的

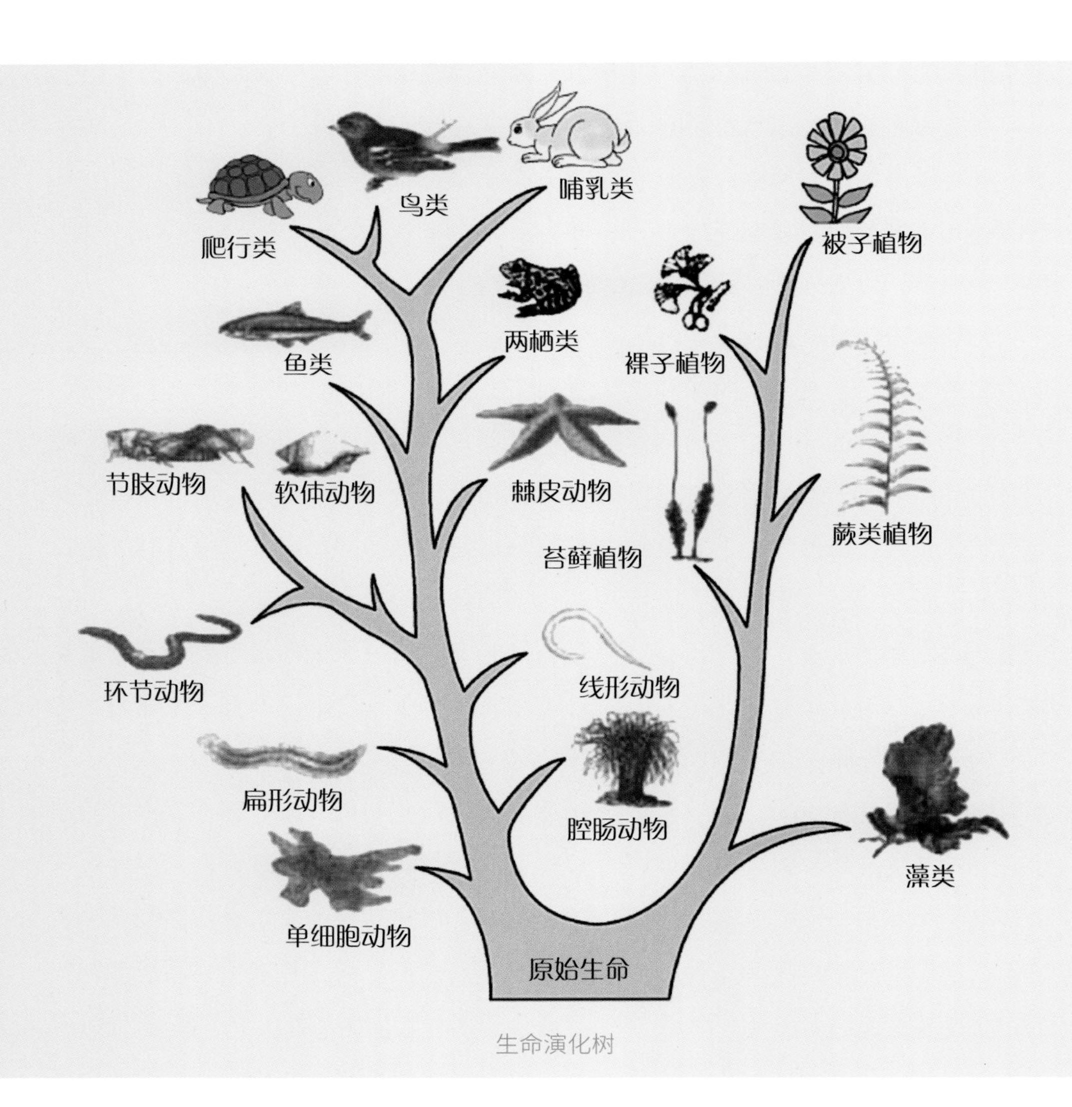
哺乳类
鸟类
爬行类
被子植物
两栖类
鱼类
裸子植物
节肢动物
软体动物
棘皮动物
蕨类植物
苔藓植物
环节动物
线形动物
扁形动物
腔肠动物
藻类
单细胞动物
原始生命
生命演化树

能量来维系自身的生命活动，进而支撑整个生态系统。它们或许是地球上起源较早的生命。

2015 年 1 月 5 日起，“蛟龙”号载人潜水器在西南印度洋“龙旂”热液区开展了两次科考任务，新发现了多个热液区，并且取回了岩石、热液和多种生物样本，获得了大量数据资料，为我国深海热液区相关研究提供了丰富的资料和研究素材。

近年来对深海热液区的研究正在迅速地向前推进。海底热液生态系统的更多秘密将呈现在人们眼前。

“蛟龙”号载人潜水器入海

冷泉生态系统

1983 年，美国“阿尔文”号载人潜水器第一次在墨西哥湾佛罗里达陡崖 3 200 多米水深的海底发现冷泉。

冷泉的分布非常广泛。从两极地区到热带海域，从潮间带到深海都有冷泉的存在。多数冷泉集中出现在大陆边缘。各大洋均有冷泉被发现，目前已知最深的冷泉处于太平洋水深 9 345 米处。

与“热情奔放”的深海热液相比，海底冷泉像个温柔安静的绅士，缓慢而持续地释放着自己的能量。海底沉积物中蕴藏着大量的甲烷，这些甲烷在沉积物内不断流动、汇聚，形成了众多相对稳定的富含甲烷的区域。一旦这种稳定条件因为某些原因被破坏，如地震、海底火山喷发、海底沉积物滑动、冰盖融化使海底压力和温度变化，海水裹挟着碳氢化合物（甲烷和石油）、硫化氢、

甲烷从海底沉积物中释放

二氧化碳等从海底沉积物中排放出，冷泉就逐渐形成了。这种冷泉的温度与周围海水的相同或者略高于该区域的水温，只是与热液相比，其温度是低的。“冷泉”一名因此而得。

在缺乏能量来源的深海，冷泉释放的甲烷、硫化氢等气体就像是丰盛的“大餐”，被一群特殊的微生物“盯”上了。大量的甲烷氧化菌和硫酸盐还原菌在这片遍地“美食”的区域繁衍生息。这些化能自养微生物就是冷泉生态系统的生产者。化能自养微生物利用甲烷、硫化氢等参与的化学反应释放的化学能，维持着自身的生存和整个冷泉生物群落的繁荣。这些化能自养微生物在冷泉区大量生长繁殖，甚至形成了肉眼可见的大型菌落。菌落附着在冷泉区的沉积物表面，像是一块块铺展的席子，因此被称为“菌席”。菌席大小差别很大，有的只有几厘米长，而有的则能绵延数百米，在荒芜的深海之中展示出勃勃的生机。菌席的颜色多种多样，以白色、黄色和橙色为主，也偶尔会有灰色、红色等颜色。菌席是冷泉的位置和规模的“指示灯”。

菌席

聚集栖息的管状蠕虫和橙色的菌席

冷泉生物群落的结构和热液生物群落的结构有很多相似之处，都以从海底溢出的气体（甲烷、硫化氢等）与沉积物和海水中的物质进行氧化还原反应释放的化学能作为能源，这是冷泉和热液生物群落的驱动力。氧化还原反应释放的部分能量被甲烷氧化菌、硫化细菌等化能自养微生物所固定和利用。这些化能自养微生物是这两种生态系统的生产者，是群落的第一营养级。与生产者共生的蠕虫、软体动物和甲壳动物等底栖动物为群落的第二营养级。冷泉生物群落常见的优势种有贻贝（如平额深海偏顶蛤）、白瓷蟹（如柯氏潜铠虾）、阿尔文虾（如长额阿尔文虾）、帽贝、管虫，还有石鳖、海蛇尾、螺、鳞沙蚕等。顶级捕食者石蟹为第三营养级。深海化能环境的物质、能量在食物链中的流动模式可简单表述如下：冷泉、热液气体通过氧化还原反应释放能量（驱动力）→化能自养微生物（第一营养级）→群落底栖动物（第二营养级）→石蟹类动物（最高营养级）。

当然，冷泉生态系统和热液生态系统也有着许多不同之处。冷泉生态系统中的生物种类不如热液生态系统中那么多，目前发现的有两三百种，而热液生态系统相对来说则“繁华”很多。冷泉生态系统和热液生态系统中的生物种类相似性并不高。整体来看，这两类特殊生态系统中共同的生物物种数不超过10%。大多数冷泉生态系统的生物生长非常缓慢，有些种类的蠕虫的寿命甚至长达250年；而热液生态系统的生物则大多寿命较短，且生长非常快。这些不同之处与冷泉区和热液区的环境是密不可分的。冷泉区通常具有较厚的沉积层，并且周围环境更加温和和稳定；热液区环境温度、烃类含量等波动较大，喷口会随地质运动的变化在短时间内经历喷

在南海冷泉区发现的海参

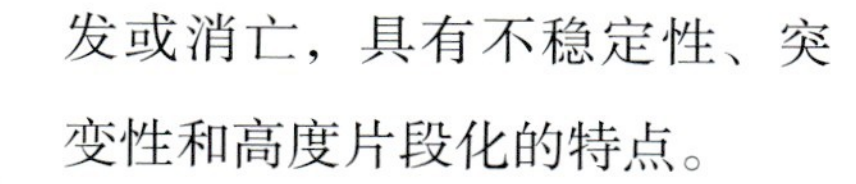
发或消亡，具有不稳定性、突变性和高度片段化的特点。

我国对冷泉的研究起步比较晚。我国近海冷泉生态系统的研究主要集中在南海北部。近年来，我国利用“蛟龙”号、“深海勇士”号载人潜水器和“海马”号、“发现”号无人潜水器在南海北部大陆架和大陆坡交界处发现多处冷泉，采集到大量生物和底质样品，发现许多新物种，推动我国的深海大型生物分类学进入了新的阶段。

冷泉生态系统中的管状蠕虫、虾和贝类

海山生态系统

陆地上的地形多种多样，有平原，有丘陵，有峡谷，也有高山。而隐藏在蔚蓝海水之下的地形也不是一马平川，有坦荡的深海平原，有起伏的海丘，有深邃的海沟，也有高耸的海山。

通常人们把深海大洋中，高度超过1 000米的隆起称为海山，而不足1 000米的则称为海丘。大洋中脊绵延数万千米，宽数百至数千千米，其长度和广度为陆上任何山系所不及。这些遍布各大洋洋底的山丘有着独特的地理学特征和水文条件，也因此造就了独特的生态系统。近年来，海山生态系统逐渐成为深海生态系统相关研究的又一热门领域。

海山会对流经的海流产生多方面的影响。遇到海山后，向上流动的海流会带动海底的营养盐上涌。因此，海山生态系统养育着丰富的浮游生物。另外，巍峨的海山跨越了较广的水深梯度，拥有不同的底质环境。此地丰富的饵料和多样的生境吸引了众多海洋生物栖息，且形成的种群密度很高。海山生态系统

海山生态系统中的珊瑚

较周边深海有着更高的生物多样性和生物量。海山生态系统相关数据库中收录的已被鉴定的生物种类就有数千种，而其实际数量远大于此。海绵、珊瑚、海葵等生物是海山生态系统的优势种。节肢动物、环节动物、软体动物、棘皮动物也是海山的“常住居民”。据统计，海山生态系统中生活着几乎所有门类的大型底栖动物。当然，这里也是许多深海鱼类经常“光临”的地方。毕竟在茫茫深海之中，很难找到这样一个食物丰富的地方。

海山生态系统中的珊瑚和鱼

深海珊瑚以水流中的浮游动物为食，不像它们浅海的“亲戚”——造礁石珊瑚那样大部分能量由体内共生的虫黄藻通过光合作用供给。不过在深海这

深海珊瑚群落

种艰苦环境下生活的珊瑚并没有“积贫积弱”。海山上不乏生机勃勃的“珊瑚林”，其中有些种类的珊瑚甚至高达数米。海山生态系统是深海独特的生态系统之一。深海海山众多，分布相对孤立，生产力较高，被认为是深海生物扩散的踏脚石。目前对海山生态系统的研究仍然不够深入和全面。全球数万座海山中，调查充分的也就 50 多座。海山与海山之间、海山与非海山区域之间生物的连通性等都有待细致研究。海山区不仅有可观的生物资源，还有丰富的矿产资源。相关的开发活动也日益受到人们的重视。然而，海山生态系统相当脆弱，其中的生物生长慢、繁殖力低、生命周期长。海山生态系统一旦被破坏，恢复非常缓慢。如何在研究、开发的同时保护海山生态系统，是人们亟待解决的问题。

深海珊瑚群落

超深渊生态系统

在希腊神话之中，哈迪斯是掌管冥界的神。他是一切生命的敌人，是“亡者的宙斯”。他所掌管的冥界位于大洋边界、地底最深处或是“大地的尽头”。虽然这只是神话中的内容，但在地球上的确有一个叫作“hadal zone”的地方，这一名字就来源于“冥界之王”哈迪斯。

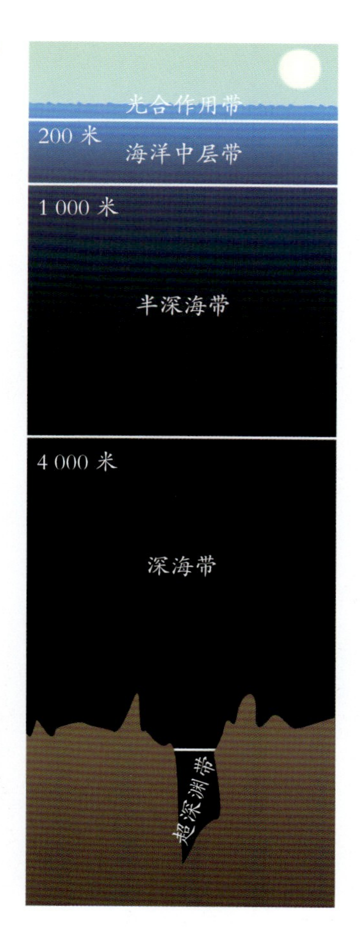

Hadal zone，即超深渊带，指的是水深超过 6 000 米的深海区域。超深渊带位于海沟中，大多分布在太平洋。全球有 40 余处超深渊带，这些区域的平均深度超过 8 000 米，而其中最深的当属马里亚纳海沟，其深度甚至达到了惊人的 11 034 米。这里高压、低温、黑暗的环境和神话中的冥界有几分相似。直至 19 世纪，人们依然认为超深渊带和冥界一样，是“生命禁区”。

在 1872—1876 年英国皇家海军的“挑战者”号环球探险之旅中，人们首次从日本海沟 7 220 米水深处采集到了含有孔虫外壳的沉积物，揭示在超深渊带可能有生命存在。20 世纪中叶，人类对超深渊带的探索研究进入了黄金时期。瑞典人搭载“信天翁（Albatross）”号（1947—1948 年）、丹麦人搭载“铠甲虾（Galathea）”号（1951—1952 年）、苏联人搭载“维茨加（Vityaz）”号（1949—1959 年）相继开展了超深渊带的调查，并从多条海沟中（有的深度超过万米）获取了大量活着的生物样品，证实海洋深处确实有生物生活。

与发达国家相比，我国在超深渊带的生物多样性研究方面起步较晚。2012年，“蛟龙”号载人潜水器在马里亚纳海沟试验海区首次突破7 000米下潜，标志着中国在超深渊带考察研究的开端。2016年以来，中国科学院“探索一号”科考船在马里亚纳海沟海域开展了数次综合性万米深渊科考活动，利用我国自主研发的深渊着陆器“天涯”号和“海角”号在不同深度断面上，取得大批珍贵的生物样品和数据。2020年11月10日，我国自主建造的万米级多人载人潜水器“奋斗者”号在马里亚纳海沟10 909米深处成功坐底，采集到大型海参和钩虾等巨型底栖生物样品。这些研究填补了我国长期以来在超深渊带，特别是万米水深海底生物样品和数据的空白。

在超深渊带生活的生物的食物来源是什么呢？大部分生物靠吃海雪维生。大量的生物残骸、动物排泄物以及微生物等形成的絮状有机物像雪一样缓缓落下，在深海海底形成了一层厚厚的“积雪”。这就是海雪，它为深海生命提供了丰富的营养来源。另外，超深渊带存在少数化能自养微生物。这些微生物以

海雪

地层中泄漏出来的甲烷等气体为原料进行化能合成作用，合成的有机物不仅能满足自身需要，也可以提供给与它们共生的生物。

无脊椎动物是超深渊带的“主宰”。海绵、软体动物、甲壳动物、海参、海星等生物在超深渊区顽强生存。其中，糠虾在北纬 10° ~ 50° 的超深渊带都有报道，提示糠虾在超深渊带分布广泛。“蛟龙”号载人潜水器在雅浦海沟水深 6 377 ~ 6 575 米处发现了一种瓷海星科的新物种，在雅浦海沟水深 6 754 米处采集到了两种多板纲的软体动物。

有些海参和端足类甚至可以在超过 1 万米深的深海中生存。比如，人们曾在马里亚纳海沟的底部发现了一种叫作短脚双眼钩虾（*Hirondellea gigas*）的生物。短脚双眼钩虾体长可以达到 5 厘米，在这么深的海域中已经算得上是巨型生物了。短脚双眼钩虾体内含有特殊的纤维素酶。这种纤维素酶能够直接利用锯末等木质碎屑“生产”葡萄糖。科学家在

短脚双眼钩虾
（来源：Daiju Azuma）

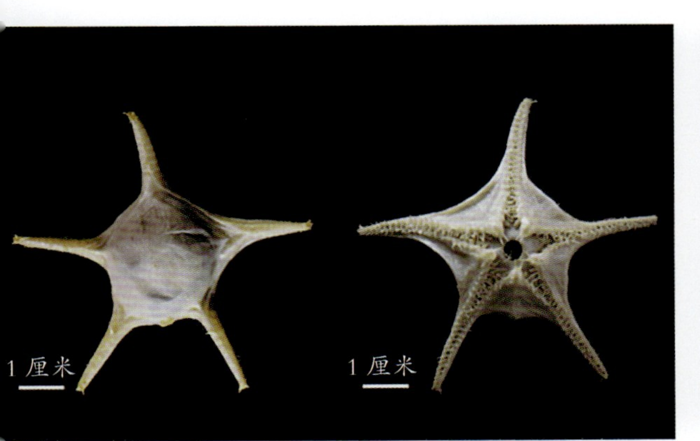

在雅浦海沟采集到的瓷海星科物种
（来源：WANG Chunsheng）

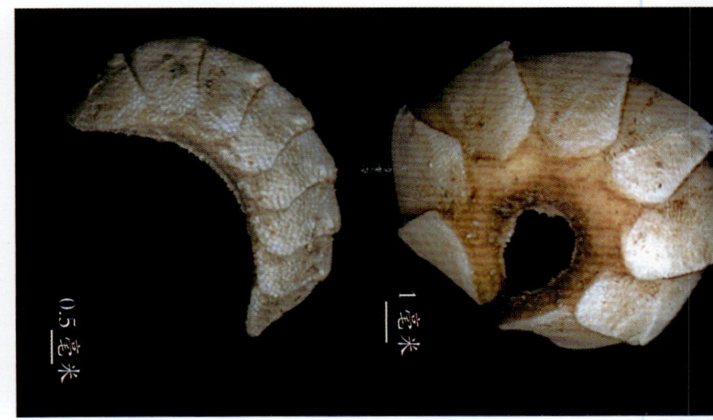

在雅浦海沟采集到的两种多板纲软体动物
（来源：WANG Chunsheng）

钝口拟狮子鱼

8 000 多米水深的海沟中发现了大块的木质碎屑、椰子壳和海草碎片。相关研究表明，短脚双眼钩虾可能可以利用植物性碎屑作为营养来源。这也许是其能够在贫瘠的超深渊带长大的原因。短脚双眼钩虾外骨骼表面还含有铝元素，这或许是其适应高压环境的因素之一。

超深渊区还有鱼类生存。人类的深潜器在马里亚纳海沟水深 8 178 米处拍到了一种玲珑可爱的鱼类——钝口拟狮子鱼（*Pseudoliparis swirei*）。钝口拟狮子鱼体长十几厘米，没有鳞。为了适应超

神女底鼬鳚

深渊带的高压环境，钝口拟狮子鱼的身体结构发生了很多变化。它们的骨头变得很薄且能够弯曲，头颅不完全封闭，肌肉组织具有很强的柔韧性。它们基因组中与色素、视觉有关的基因大量丢失。与基因组信息一致的是，钝口拟狮子鱼的皮肤变得透明，没有了浅海狮子鱼艳丽的容貌。它们的胃非常大。因此，一旦得到了饱餐一顿的机会，它们就能“囤积”大量的食物。然而，钝口拟狮子鱼并不是生活在海洋最深处的鱼类。到目前为止，鱼类被捕获的最深水深是 8 370 米。获此殊荣的是在波罗黎各海沟生活的神女底鼬鳚（*Abyssobrotubla galatheae*）。

超深渊带是目前我们所知的海洋中最深的地方，而生命并未在此极端恶劣的环境中绝迹。生命的种子无论撒到哪里，哪怕是在这据“冥界之王”哈迪斯之名命名的超深渊带，也能闯出一条蓬勃之路。

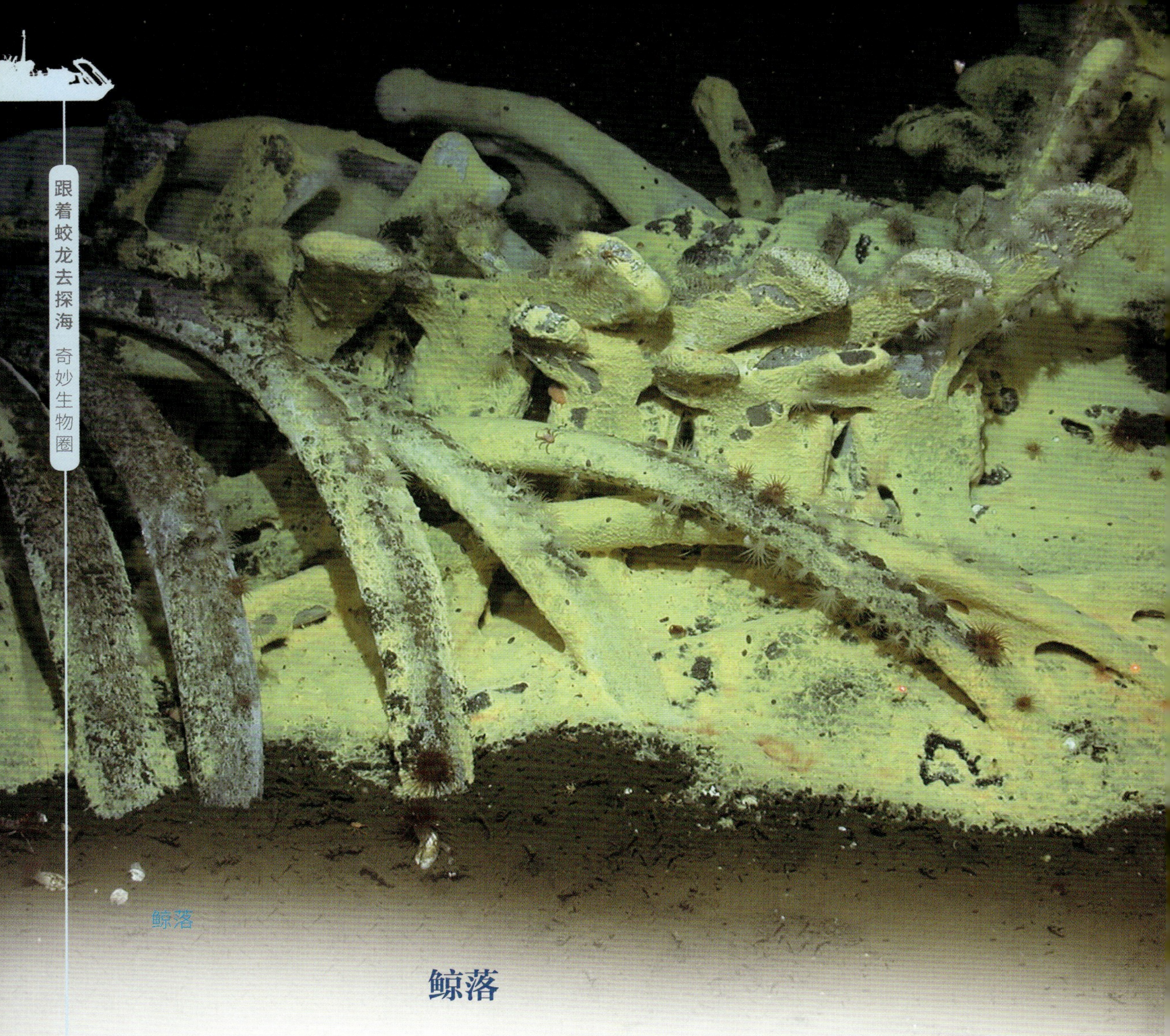

鲸落

鲸落

鲸类和大多数鱼类比起来算是长寿的了。蓝鲸的寿命可以超过 80 年，而寿命相对较短的虎鲸也能活 30 年左右。“一鲸落，万物生。”在海水中缓缓下沉的巨大鲸尸为路过的不少动物提供了丰富的食物，最后降至荒凉的大洋底，撑起一片绿洲。鲸类的死亡是生命的结束，却又让更多的生命得以延续。

重达几十吨的鲸尸重重地落在深海海底，腐肉的气味很快就会吸引来众多饥饿的大型食腐动物，比如六鳃鲨、睡鲨和盲鳗。六鳃鲨拥有非常强大的嗅觉能力，可以迅速发现并赶到“餐桌”前。饥肠辘辘的六鳃鲨疯狂地撕咬鲸鱼的尸体。盲鳗则在尸体上钻洞，啃食肌肉和油脂。这些“老饕”每天能吃掉40～60千克的食物，但相对于鲸类庞大的体重来说，这不过是九牛一毛。取决于鲸尸的大小，这一大型生物的“宴会”可以持续数月甚至两年。在这期间，90%的软组织会被吃掉。这一阶段被称为“移动的清道夫阶段”。

大型食腐动物填饱肚皮后离开此地。虽然大块的软组织已被它们享用掉，但是它们进食过程中散落的碎肉和鲸骨上残留的软组织吸引了无数甲壳动物、蠕虫、软体动物到此摄食。对于某些生物来说，鲸骨也是诱人的美味。科学家在鲸骨上发现了一类特殊的环节动物，它们没有眼睛、嘴巴甚至胃，但它们有许多条“根”。这些“根”可以分泌酸液腐蚀鲸骨，进而伸进鲸骨的内部，借助共生微生物，利用鲸骨中的养分。科学家给这类身怀绝技的蠕虫起名叫食骨蠕虫。更有趣的是，科学家在很长一段时间内都只见过雌性的食骨蠕虫，后来才发现，原来雄性食骨蠕虫就寄生在雌性体内。这一阶段被称为“投机者富集阶段”，能持续3～4年。

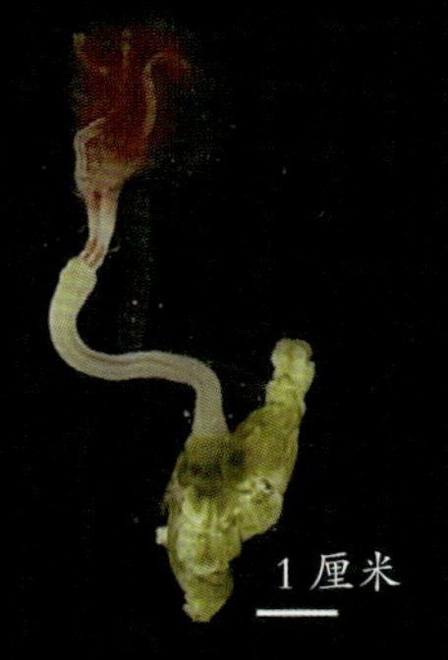

食骨蠕虫 *Osedax rubiplumus*

食骨蠕虫 *Osedax roseus*

前述绝大多数“食客”都已经离开，这里又成了另一群特殊生物的乐园。这个生态系统进入第三阶段——“化能自养阶段”。许多特殊的厌氧菌会聚集在散落的鲸骨上，分解鲸骨深处那些无法被其他生物所利用的油脂，并释放出大量的硫化氢气体。这些硫化氢气体又会引来另一群微生物——化能自养微生物。这些微生物以硫化氢参与的化学反应为能量来源，在此生存，也供养着那些与其共生或以之为食物的生物，如一些软体动物、蠕虫。这些生物在鲸骨附近繁衍生息，直到能被利用的有机物消耗殆尽。这一阶段十分漫长，将会持续几十年甚至上百年。最后，鲸骨矿化，成为“暗礁”，为悬浮滤食者提供附着基。

鲸落的物种多样性较高，迄今已发现超过 400 种海洋生物与其相关。曾经纵横海洋的巨兽死后堕入荒芜的深海，又以身躯供养着其他生物，再现生命之绚烂。

鲸落中的章鱼

异彩纷呈的深海生命

人们一度认为深海是生命的荒漠。实际上，面对黑暗、寒冷、高压的恶劣环境，深海生物用令人惊叹的生存技巧找到了蓬勃繁衍之路。深海就如深邃而晴朗的夜空，深海生灵就是那闪耀的繁星。

海绵动物

海绵

海绵宝宝住在深海一座菠萝形状的屋子里，外形方方正正，喜欢抓水母，在一家名叫“蟹堡王”的餐厅工作……虽然这是动画片《海绵宝宝》的内容，但是有些地方倒是说对了——深海中真的有海绵，而且海绵真的是动物——多孔动物门（Porifera）的物种。海绵是深海中的优势生物类群之一。

在很多人的印象中，海绵是家里常备的一种清洁用品，根本不是生物。这样想其实并没错。由于高分子材料的发展，现在家里用来洗锅刷碗的海绵早已不是天然海绵，而是由纤维素或聚氨酯等高分子材料经发泡制成的化工产品。但是在很久以前，海绵就是从海底“捡”来的天然产物。

海绵的身体结构非常简单，没有头尾之分，也没有躯干、四肢之别，更没有任何器官，甚至没有神经，也不能移动。在很长一段时期内人们不认为海绵是动物。直到18世纪60年代，科学家才真正把海绵认定为动物。海绵成体营固着生活，是世界上结构最简单的多细胞动物。它们数亿年前就已出现在地球上，至今已发展到近万种，是一个庞大的“家族”。这类古老的动物分布遍及全世界水域。从赤道到两极，从潮间带到8 000多米深的深海，甚至陆上河流、湖泊、池塘都有海绵的踪影。

在南海蛟龙海山发现的海绵

在深海中有这么一类海绵，你从名字就能听出它们的特别。它们叫偕老同穴。偕老同穴是多孔动物门六放海绵纲（Hexactinellida）松骨海绵目（Lyssacinosida）偕老同穴科（Euplectellidae）偕老同穴属

（*Euplectella*）的成员。在这个属下，已经报道了 19 个物种，它们都生活在深海，“扎根”海底泥沙之中，通过身体小孔中的鞭毛的摆动纳入海水，过滤有机碎屑，赖以维持生存。《诗·邶风·击鼓》有“执子之手，与子偕老”一句，而在《诗·王风·大车》则有“穀则异室，死则同穴”一句，这或许就是“偕老”与“同穴”的来源吧。而在英语中，这类海绵则有一个非常唯美的名字——Venus' flower basket，意为“维纳斯的花篮”。正如这一英文名字所描述的，它们乍看上去确实像一只精心编制出的花篮。“维纳斯”和“偕老同穴”很明显是用来形容坚贞美好

偕老同穴顶部

阿氏偕老同穴
（*Euplectella aspergillum*）

在南海蛟龙冷泉I区发现的偕老同穴及与之共栖的球俪虾

的爱情的，与这类看似普通的海绵又有什么关系呢？

如果细看偕老同穴的外形，就会发现，与其说是“花篮”，它们更像是一个“牢笼”。密密麻麻、纵横交错的硅质骨针构成了它们的骨架。这个小小的圆柱状“牢笼”对于生活在深海的俪虾（*Spongicola*）而言却是极好的住所。俪虾小时候可以自由地在偕老同穴的孔洞中进出，它们经常待在这个白色的“牢笼”中躲避捕食者。为了繁衍后代，它们会寻找那些居住在海绵里的“单身男女”。一旦顺利配对，这一对小“夫妻”将成为“宅男宅女”，住在偕老同穴里繁衍生息。从孔洞穿过的水流送来了充足的有机质作为食物，也顺便带走了“生活垃圾”——排泄物。这对“夫妻”逐渐长大，再也无法穿过偕老同穴身上的孔洞。新生的“孩子们”离开家随波逐流，寻找自己的归宿；这对“老夫妻”则“生同衾，死同穴”。偕老同穴之名就是由此而来的。而俪虾的这个“俪”字，也描述出了这些小虾特殊的生活习性。

“海绵”和“捕食者”这两个词很难联系在一起，但科学家在美国加州北部的深海海底发现了一种“凶狠”的肉食性海绵 *Chondrocladia (Symmetrocladia) lyra*。这种海绵外形十分奇特，像西式的烛台，又像竖琴，由此得名“竖琴海绵”。千万不要被它们精致的外表所欺骗，它们的躯体上长有钩刺，可以抓住路过的桡足类等小动物，然后分泌一层消化膜将猎物包裹住，将猎物逐渐分解、吸收。竖琴海绵的近亲乒乓球树海绵 [*Chondrocladia (Chondrocladia) lampadiglobus*] 也是一种肉食性海绵，外形十分可爱，就像是它们的名字所描述的那样，长得像一株结满了乒乓球样果实的小树。目前，已经发现的肉食性海绵不足200种，且大多数在深海安家。

竖琴海绵

乒乓球树海绵

近年来随着对深海海绵研究的逐渐深入，科学家发现有的深海海绵在材料学方面的“造诣”甚至超越了人类。2003 年，美国贝尔实验室的科学家发现，一种深海海绵骨针的形状与现代我们常用的光缆非常相似，而且不易断裂，性能甚至比光缆更好。这为人类改进光缆性能提供了思路和帮助。同时实验表明，这种海绵骨针作为一种天然的滤波器，能够传输 600 ~ 1 400 纳米波长范围的光波，而将不在此范围内的光波过滤掉。谁又能想到，这些功能来自一种简单至极的生物的天然结构呢？

在南海发现的海绵

西沙群岛浅海珊瑚礁调查

刺胞动物

珊瑚

提起珊瑚礁，首先进入人们脑海的大概是明媚的阳光、清澈的海水和五彩斑斓的鱼群吧。没错，珊瑚礁绝大多数位于水深不到50米的浅海，因为与造礁石珊瑚共生的虫黄藻需要阳光来进行光合作用，为造礁石珊瑚提供氧气和葡萄糖、甘油等养分。虫黄藻是造礁石珊瑚能量的主要供应者。然而，并不是所有的珊瑚都依靠虫黄藻所进行的光合作用生活，在深海中也有由珊瑚构成的美丽“花园”。

虽然长得像植物，但珊瑚是正儿八经的动物。“珊瑚礁摩天大楼”是小小的珊瑚虫建造的。这些坐在“石杯”（碳酸钙骨骼）里的珊瑚虫群居在一起，同其他造礁生物“合作”，不断分泌石灰质，并胶结其遗骸，长年累月，创造了奇迹。

珊瑚虫有些像缩小版的海葵，也长着许多带有刺细胞的触手，毕竟珊瑚虫和海葵是同属于珊瑚纲的“近亲”嘛。触手数目是珊瑚虫分类的一个重要特征。如果触手数目是6的倍数，则这株珊瑚就属于六放珊瑚亚纲（Hexacorallia）；如果是8的倍数，那就属于八放珊瑚亚纲（Octocorallia）。我们平常说的“软珊瑚”大多是八放珊瑚亚纲的物种，“硬珊瑚”则多是六放珊瑚亚纲的物种。软珊瑚和硬珊瑚其实是一种笼统的说法。软珊瑚的骨骼相对不发达，主要由骨针或骨片构成，摸起来手感比较软；硬珊瑚骨骼相对发达，很多能形成大片的珊瑚礁。但也有例外。比如，八放珊瑚亚纲的红珊瑚属（*Corallium*）有 30 多个物种，它们的骨针、骨片愈合成了中轴骨，摸起来坚硬，但并不能成礁。从水深 10 米的浅海到水深 1 500 米的黑暗深海都有红珊瑚栖息。这些红珊瑚长度可达 1 米，形状像落尽叶子的枯枝。它们亮丽的红色是因为体内含有类胡萝卜素的缘故。

在南海发现的红珊瑚

深海珊瑚种类繁多。除了上面提到的红珊瑚，在深海还可以见到石珊瑚、黑珊瑚和柱星珊瑚等。其中，石珊瑚是建设深海“花园”的“栋梁”。深海石珊瑚的生长、堆积，成为众多生物不错的

在南海发现的金柳珊瑚

深海珊瑚群落

在南海发现的紫柳珊瑚

栖息地。有些深海珊瑚“花园”生活着1 300多种生物，甚至可以与热闹的浅海珊瑚礁区媲美了。

身处深海的珊瑚几乎无法接收到阳光，也就很难像浅海珊瑚那样当“房东”，招徕虫黄藻“入住”，依赖“房客”的光合作用产物生存。因此，深海珊瑚往往在海底水流较为湍急之处安家，通过捕食水流携带的小生物或者抓取海水中落下的有机碎屑获得能量。虽然这就满足了珊瑚虫的生长所需，但与浅海珊瑚比起来，深海珊瑚的生活条件就有些艰苦了。这些“贫穷”的深海珊瑚平均每年只能生长10毫米左右，是浅海珊瑚生长速度的1/20 ~ 1/10。所幸它们有充足的时间成长。它们坚持不懈，一代又一代，造就了不输浅海珊瑚礁的壮观景象。位于挪威罗弗敦群岛以西100千米处的深海珊瑚礁长度超过40千米，其建造主力是冷水珊瑚——*Lophelia pertusa*。

深海珊瑚不仅为深海生物建造了美丽的“家园”，也是海洋历史的记录

深海珊瑚群落

者。它们的骨骼生长受到海洋环境的影响，忠实地“记录”着海洋环境的变化。通过分析它们的骨骼成分，我们不仅可以了解海洋温度的变化，还可以分析海洋的碳循环等。然而，随着人类的脚步渐渐踏进深海，这些海洋历史的记录者在逐渐消亡。人为采捕、渔业拖网、塑料污染、深海油气开采对深海珊瑚造成了巨大的破坏。而且，气候变化造成的海洋酸化对深海珊瑚的负面影响更加深远。一旦被破坏，脆弱的深海珊瑚“花园”需要几百年甚至上千年的时间才能够恢复。是时候保护这些深海珊瑚了！

在南海发现的珊瑚

海葵

在深海中有这么一类生物，外表柔弱美丽，像娇艳的花儿，其实却是“心狠手辣”的猎手。不知深浅的猎物一旦靠近，就像是推开了一扇单向的门——有来无回了。

在南海海马冷泉附近发现的捕蝇草海葵

捕蝇草是陆地植物中的奇葩。它们可以捕食小的昆虫，为自己补充营养。而在深海，有一种海葵和捕蝇草长得实在太像，科学家因此给这种海葵起名叫捕蝇草海葵（*Actinoscyphia aurelia*）。捕蝇草海葵用底部的基盘将自己牢牢固定在海底，周围长着数十根触手的口盘朝向水流的方向，静静等待猎物自投罗网。它们的口盘大而柔软，可以从中间弯折，搭起一座牢笼，将猎物包裹于其中。它们的每一根触手都带有刺细胞，可以将致命的毒液注入猎物体内。当猎物一命呜呼之后，它们再悠闲

捕蝇草

捕蝇草海葵

地把“美餐”送入位于口盘中央的嘴里。捕蝇草海葵在墨西哥湾和有上升流经过的西非海域（如毛里塔尼亚和科特迪瓦附近海域）有着大量的分布，甚至是某些海底区域的无脊椎“霸主”之一。

在挪威附近的深海中，另一类海葵——甲胄海葵（*Actinostola*）成了底栖无脊椎动物的代表之一。甲胄海葵和捕蝇草海葵在外形上有相似之处：它们都有着巨大的口盘和相对短小的触手。同样，它们都是不显山露水的“杀手”。甲胄海葵的触手上也生长着有毒的刺细胞，这是它们捕食的有力武器。

甲胄海葵生活在北大西洋和太平洋，从水深 80 多米到近 3 000 米的海底都有其踪影。它们对底质并不挑剔，在岩石、沙、泥、贝壳上都可落脚。在挪威附近的深海，甲胄海葵偏爱在这片海域中同样常见的紫蓝盖缘水母（*Periphylla periphylla*）。甲胄海葵可以灵活地伸展触手，迅速“粘”住在水中漂游的紫蓝盖缘水母，收缩触手，将水母拉进自己的“怀抱”，然后张开位于口盘中央的“嘴巴”享用“美食”。虽然甲胄海葵没有牙齿，无法切碎食物，但是它们的“嘴巴”可以张得很大。即使猎物比自己大，甲胄海葵也能

甲胄海葵

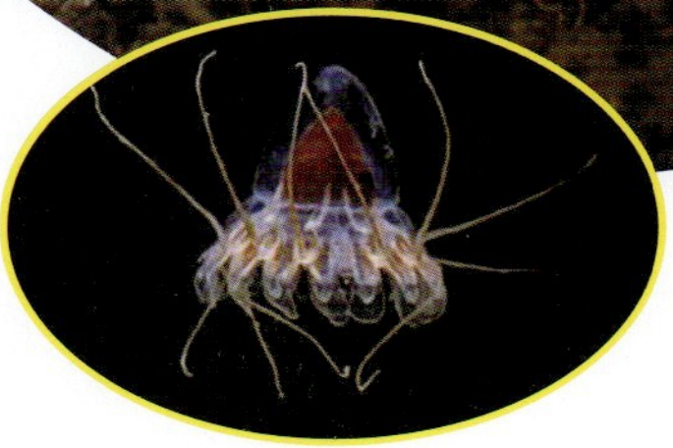

紫蓝盖缘水母

将其整个吞下。不过它们进食速度并不快，需要数小时才能吃完一餐。

再强大的猎手也有无可奈何的时候，能够捕食水母的甲胄海葵却拿一种在自己身上安家的小型甲壳动物毫无办法。这种名叫 *Stenothoe brevicornis* 的端足目片脚动物是虾的“远亲”，它们拖家带口一辈子都生活在甲胄海葵的身上。小丑鱼也以某些海葵为家，但它们同时也会帮助海葵清理寄生虫和坏死的组织，驱逐觊觎海葵的蝴蝶鱼等动物。但是这些端足类不一样，它们可没有一点互帮互助的精神，不仅不清理自己的“家园”，还把收留它们的甲胄海葵的触手当作自己主要的食物。

所谓一物降一物大概就是如此吧。

在南海冷泉区发现的海葵

水母

在幽幽深海之中漂游着无数“幽灵”。它们有着近乎透明的、柔软而轻盈的身体，飘逸的“裙摆”和致命的“暗器”——刺细胞。这些美丽却危险的动物统一被叫作水母。它们是深海隐秘的“杀手”之一。

管水母是水母中比较特殊的一类。大多数管水母的个体都非常小，但它们十分团结，往往成百上千只紧密结合在一起。处于群体之中的管水母个体各司其职，有的负责运动，有的负责防卫，有的负责掠食，有的则负责生殖。它们的分工是如此明确，以至于脱离群体的管水母不能独立生存。管水母是深海中凶狠的捕食者之

僧帽水母

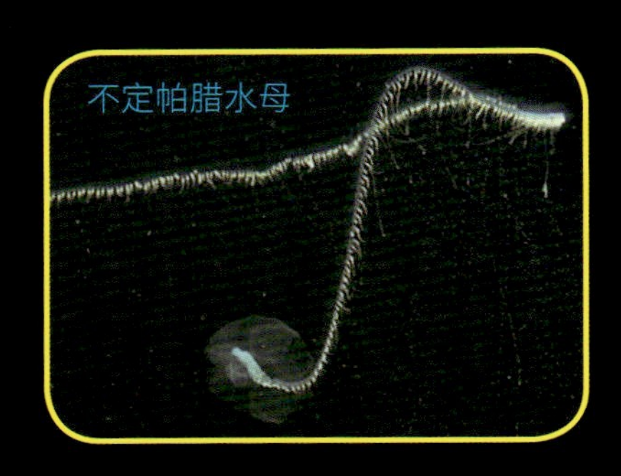

一。它们有数十根布有刺细胞的触手。每个刺细胞里面都有一个贮有毒液的囊，叫刺丝囊。在捕食时，刺丝囊中的丝状管会向外翻出并把毒液射入猎物体内，轻松让猎物失去反抗能力。这些细长的触手构成一个有毒的牢笼，静待着撞上这“死亡陷阱”的“牺牲品”。大名鼎鼎的僧帽水母（*Physalia physalis*）触手平均长度达到了10米，其毒性之剧烈可以将人置于死地。不定帕腊水母（*Praya dubia*）的触手可以达到50米长。有些时候，可怜的猎物还没看到“猎人”的面目呢，就已经为诸多触手构成的带毒的网包围而命归黄泉了。

有的管水母还有一种捕食绝技——发光。烟火管水母状如长蛇，有着数千条触手，触手末端能够发出绚烂的光。在黑暗的深海中，烟火管水母点起无数温暖而明亮的“灯火”。猎物如飞蛾扑火一般被吸引而至，而迎接它们的则是死亡。捕食中的烟火管水母看起来像是燃放的璀璨的烟花，它们的名字即由此而来。

能发光的水母不只管水母，而水母发光的目的也不只是为了捕食。

管水母 *Marrus orthocanna*

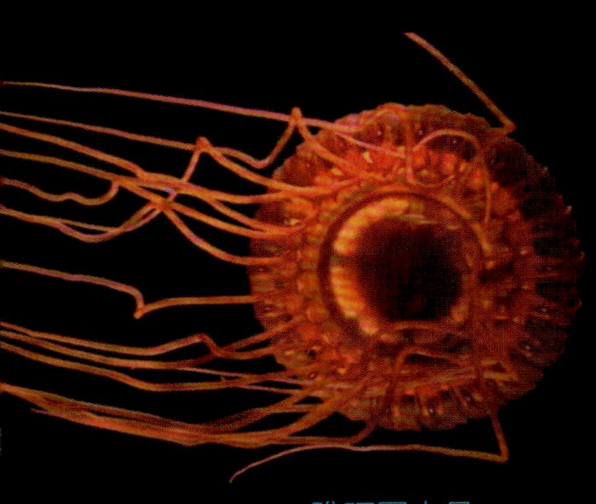
礁环冠水母

礁环冠水母（*Atolla wyvillei*）能骤然发出明亮的光。这样的光在深海中是如此耀眼，以至于很多大型捕食者都能注意到。它们当然不是为自己找麻烦，而是在"呼救"。当礁环冠水母被捕食者缠住难以逃脱的时候，它们就会发光，照亮捕食者的身形。俗话说："敌人的敌人就是朋友。"礁环冠水母夺目的光会吸引"外援"——以它们的捕食者为食的动物前来。趁它们的捕食者在想方设法逃脱被吃掉的命运时，礁环冠水母就悄悄地溜之大吉了。

同样靠发光躲避追捕的还有丝柔短手水母（*Colobonema sericeum*）。它们体形很小，伞径只有 5 厘米左右，但很有辨识度，因为它们的触手末端是白色的。这些小家伙被捕食者攻击的时候，会把自己触手末端白色的部分切断。这截断掉的触手随即发光。捕食者的注意力往往被这突然显现的光所吸引，而丝柔短手水母则趁对方不明就里的时候遁入黑暗之中。这招"障眼法"简直漂亮！

大多数水母都有着长长的触手，缓缓地随波逐流。然而，十字水母却并不是如此。

十字水母最大的也不过数厘米高，最小的只能长到几毫米。它们的外形像

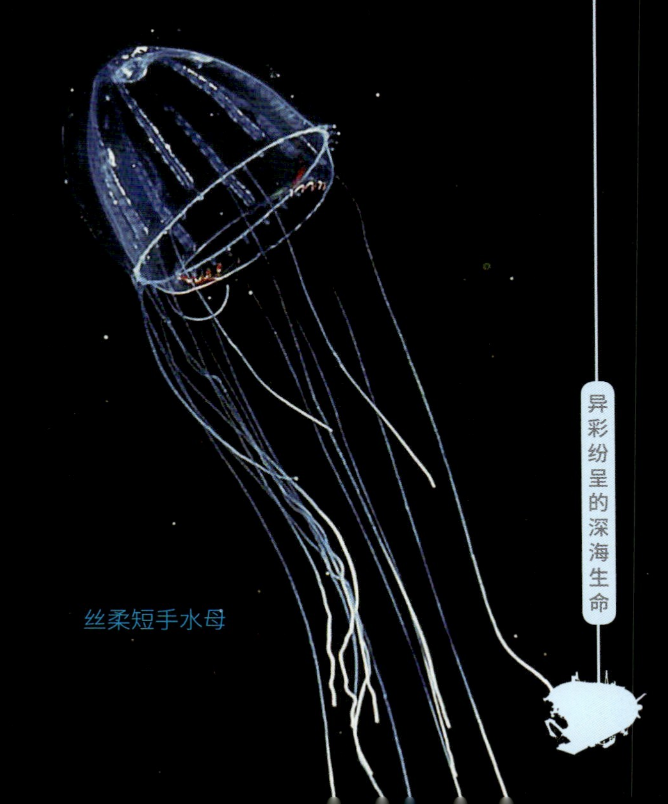
丝柔短手水母

十字水母

附着在岩石上的十字水母

一盏吊灯，身体呈灯罩状，有一根柄状结构。“灯罩”下面还有“流苏”，那是十字水母的触手。十字水母不仅外形上和我们常见的钵水母大不相同，它们的生活方式也很特殊。体形较小的十字水母可以游动。体形较大的十字水母大多数时候是凭借自己的柄附着在海藻、礁石等表面生活的，它们可以像某些海葵一样在海底缓慢蠕动，但无法像钵水母那样漂游。它们的进食方式也与海葵有相似之处。它们用触手捕捉浮游生物或者小型非浮游甲壳动物，再将它们送入口中。这些小家伙还会像人嗑瓜子一样将自己无法消化的甲壳吐出来。人们曾经以为十字水母只能在浅海生活，但在 1998 年科学家在水深超过 2 000 米的热液区也发现了它们的身影。

深海中的水母凭借半透明的身形和杀人于无形的手段，成功给自己赢得了“深海幽灵”的“美誉”。

栉水母动物

栉水母无论是名字还是外貌，和“深海幽灵”——属于刺胞动物门的水母都非常相似。在很长时间内，大家把栉水母和刺胞动物一起划为腔肠动物门。不过后来人们发现，栉水母没有刺胞动物所引以为傲的“武器”——刺细胞。栉水母也因此另立门户——栉水母动物门（Ctenophora）。

和深海的水母一样，很多栉水母也能够发光。北冰洋栉水母（*Mertensia ovum*）是北极附近最常见的能发光的胶质动物。它们呈椭球状，能发出微弱的蓝色或者绿色的荧光，还会像水面上的油膜一样显示出彩虹样的效果，就像是

北冰洋栉水母

北冰洋栉水母

霍氏瓜水母

在水中载沉载浮的彩虹灯笼。北冰洋栉水母体表有 8 排共数千根纤毛。这些纤毛是它们的“船桨”，通过有规律的摆动推动身体。纤毛同时也会影响照射到它们身上的光线。入射光经过纤毛的干扰之后，产生色散，形成“彩虹”。除此之外，纤毛还是北冰洋栉水母的化学感受器，起着和昆虫的触角差不多的作用。

虽然北冰洋栉水母触手上没有刺细胞，但它们长长的触手也并不是摆设。它们的触手可以分泌特殊的黏液，将一些小型甲壳动物甚至是小型鱼类粘住，然后送入口中。但有些栉水母选择了更加直接的捕食方式。

霍氏瓜水母（*Beroe forskalii*）也是栉水母家族的一员。它们是不折不扣的“猛兽”，深海中的凶恶杀手。它们的身体呈不规则的长椭球形，有些像冬瓜，这也许就是瓜水母之名的由来。它们很挑食，食谱中只有胶质动物，也就是水母和栉水母。霍氏瓜水母捕食时既不需要毒液，也不需要黏液。它们会直接张开大嘴，将猎物整个吞进去。即使猎物和它们本身差不多大，霍氏瓜水母也照吞不误。它们长着一口特殊的刺一样的牙齿，能够牢牢咬住口中的胶质动物，彻底断绝了这些可怜虫的生的希望。

栉水母的神经系统和其他动物的大不相同。它们缺少其他动物必备的与神经系统发育有关的一些关键基因，也没有其他动物常用的多种神经递质。直到现在人们依然不清楚它们特有的神经递质到底是什么。它们的神经系统好像很早就和其他动物走上了完全不同的演化之路。除此之外，栉水母用来控制肌肉发育和功能的基因也与其他动物有着比较大的区别。比如，一种名叫 HOX 的基因广泛存在于生物之中。这是一类专门调控形体的基因，无论是人类、老鼠、果蝇还是结构简单的海绵动物和扁形动物都拥有 HOX 基因。然而，栉水母没有。栉水母虽然缺少很多其他生物必需的基因，却用其他基因替代，发挥着同样的功能。

很多证据都指向了一个结果——栉水母是动物的系统发育树上最早的分支，也就是生物演化史上最古老的动物，尽管它们比海绵或扁形动物的结构复杂许多。

栉水母是深海中的美丽精灵。有谁能想到它们是凶残的杀手，又有谁能想到它们有着这么多未解之谜呢？

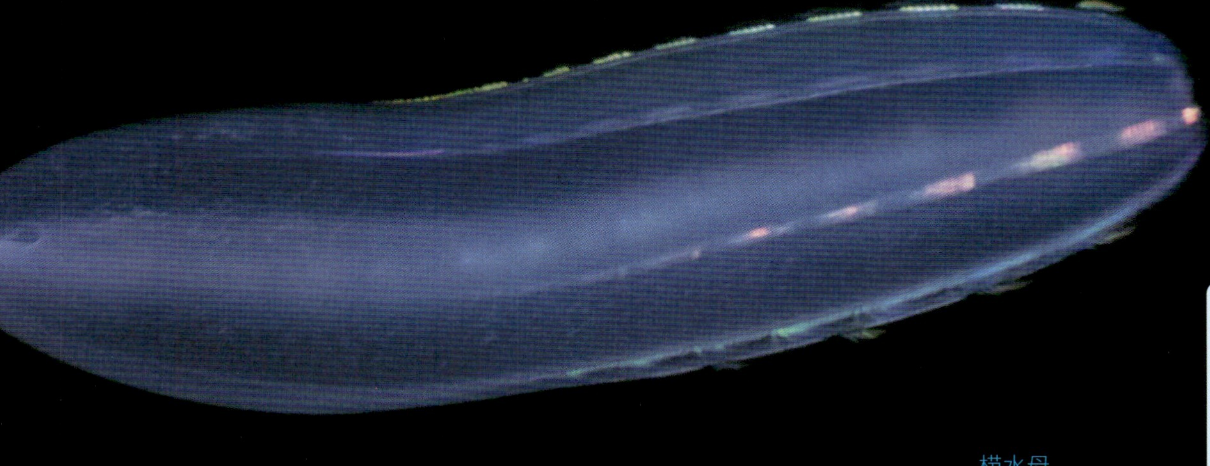

栉水母

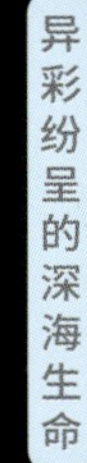

环节动物

蜈蚣、马陆、蚰蜒、蚯蚓、水蛭、沙蚕……环节动物几乎无处不在，平原、森林、河流、城市，甚至深海之中，都有它们“家族”的成员生活。

浮蚕（*Tomopteris*）这类生物的长相和蚰蜒非常相似，不过它们有两个很明显的区别：一是浮蚕生活在海里；二是浮蚕会发光。这些小家伙体形不大，体长 2 ~ 4 厘米。它们种类众多而且颜色丰富，红色、黄色、橘色、紫色的都有，有些身体还是透明的。不过，颜色不是区分浮蚕物种的特征，它们的颜色和所吃的食物有

蚰蜒

浮蚕

关系。遇到危险的时候，它们长长的附肢末端能发出黄色的光。随着附肢的摆动，黄色光线起伏流动。人们认为，浮蚕通过黄光来迷惑捕食者，就像战斗机释放多个燃烧的箔条来迷惑飞来的导弹一样。然而，有一点令人不解。深海中能够发光的生物不在少数，且绝大部分生物发出的是蓝绿色光。波长

在南海发现的沙蚕

较短的蓝绿色光在海水中的传输性能更好，深海生物对于蓝绿色光也更为敏感。也就是说，蓝绿色光更容易吸引深海生物的注意力。那么，为什么浮蚕发出的是黄光？目前人们对此还不清楚。

在南海发现的吻沙蚕

庞贝虫（*Alvinella pompejana*）被认为是目前所知的动物中除缓步动物——水熊虫外最耐热的多细胞动物。它们生活在海底热液喷口的周围，尾部处在80℃左右的高温之中依然优哉游哉。庞贝虫一般只有几厘米长，最长的可以达到13厘米。它们身体呈灰白色，头部羽毛状，长着红色的触手状的鳃。庞贝虫的身上覆盖着密密的“绒毛”。这些“绒毛”可不是它们身体的结构，而是由许许多多细菌堆叠形成的厚可达1厘米的“菌毯”。研究表明，这些细菌对庞贝虫的生存起到了至关重要的作用。庞贝虫通过背部的微小的腺体分泌黏液，喂养生活在自己身上的细菌，而这些细菌则能够起到一定程度的“绝缘”作用，保护庞贝虫不至于被“烫伤”。此外，这些细菌似乎也能帮助庞贝虫分解一些从热液喷口中喷出的有毒物质。还有研究表明，这些细菌是化能自养微生物，为庞贝虫提供了稳定的食物来源。

庞贝虫

巨型管虫（*Riftia pachyptila*）生活在海底“黑烟囱”附近。比起庞贝虫，它们要大得多。身长可以达到2.5米的巨型管虫生长速度飞快，不到两年就可以生长1.5米。这些庞然大物在刚出生的时候是可以自由游动的，但一段时间后就会在海底“扎根”，从此营固着生活。它们生活在自己“搭建”的几丁质长管中，前段伸出红色的鳃羽。鳃羽中富含特殊的血红素，可以运输氧气及硫化氢。其中硫化氢会提供给与自己共生的化能自养细菌，用来合成有机物。巨型管虫在成年之后，消化系统和肛门都会退化，不会再进行排泄，而是将所有的废物集中保存在身体的最后部分。

巨型管虫

在深海一种特殊的生态系统——鲸落中，也有一类特殊的环节动物存在。食骨蠕虫（*Osedax*）是一类非常奇特的生物。它们没有嘴，也没有胃，但它们可以释放出酸液，腐蚀鲸骨，从而进入鲸骨内部获取蛋白质和脂类。和它们共生的微生物把鲸骨中的蛋白质和脂类消化掉，生产出食骨蠕虫可以吸收的营养物质，供它们利用。雌性食骨蠕虫体形要比雄性大得多，它们被作为“后宫”的胶状管所环绕。每只雌性食骨蠕虫可以将数百只雄性食骨蠕虫圈在“后宫”。食骨蠕虫繁殖力很强。虽然鲸落数量不多，但是食骨蠕虫“家族”却欣欣向荣，有着非常高的物种多样性。

食骨蠕虫

节肢动物

虾

日常生活中，我们所接触的虾主要包括真虾类和对虾类。这些美味的食材经过蒸、煮、炸等烹饪操作，呈现出喜庆的红色。这些虾的外壳中含有虾青素。正常状态下，虾青素与甲壳蓝蛋白结合，其复合物呈现青色。在烹饪的过程中，高温破坏了这一复合结构，蛋白质变性，虾青素被释放出来，其本身的红色也就显露了出来。

虾青素粉末

然而，在深海，多数虾原本就有着胭脂般鲜红的外壳，这艳丽色彩是一种特殊的保护色。在海水中，蓝绿色的光有着最强的穿透力，而红光则会很快衰减。所以，在 200 ~ 1 000 米的海洋中层几乎只有微弱的蓝绿色光可以到达。也正是出于这个原因，许多深海生物会发出蓝绿色光来照明或者传递信息，而这些生物对红光并不敏感。由于红色的物体对蓝绿色光的反射率很低，这些艳丽的红色虾在微弱的天光和捕食者蓝绿色的光照下其实显现出黑色。这样它们得以更好地融入环境而避免被发现。

在南海发现的海螯虾

缺刻深对虾（来源：Chien-Hui，Yang）

深对虾（*Benthesicymus*）是一类大型的深海对虾，它们在600～7 700米的水层中营游泳生活。与餐桌上常见浅海对虾类相比，它们有着鲜红的甲壳和发达、纤长的桨状腹肢。这些腹肢被认为可能是适应大洋游泳生活的一种特化。在水中它们会有节奏地依次摆动这些腹肢，泳姿优美。这些大型的深对虾是积极的捕食者，主要以其他甲壳动物为食。

线足虾（*Nematocarcinus*）隶属于真虾下目（Caridea）线足虾总科（Nematocarcinoidea），生活在深海的泥质底。这些相貌奇特的线足虾最为显著的形态特征是具有极为长而纤细的步足。这些步足可以像高跷那样支撑它们的身体，方便它们站立在柔软的底泥上休息或者爬行，而不至于下陷或者倾倒。类似的策略也在一些鱼类中出现。例如短头深海狗母鱼（*Bathypterois grallator*），也就是所谓的“三脚架鱼”，会用腹鳍和尾鳍上延伸的细长鳍条支撑自己的身体。

线足虾

镰虾（*Glyphocrangon*）是一类常见的深海真虾，它们拥有厚实的外骨骼，看起来如同身披重甲。它们的“铠甲”上密布锐利的小脊和突起。与大多数深海虾类相比，镰虾的游泳速度更慢，很难靠拼速度从捕食者的口中逃脱，但是它们有着独特的自卫手段。镰虾第四至第六腹节以及尾节的外骨骼具有特殊的“卡锁”装置。

镰虾

在遇到危险时它们会将腹部卷起并将关节“锁死”，只把粗糙坚硬的外壳以及匕首般锐利的尾节露在外边。面对这身布满棘刺的铠甲，即使是最贪心的敌手也会三思而后行。这些关节的牢固程度十分惊人。一旦关节“锁死”，除非把甲壳弄碎，否则几乎不可能用蛮力打开。甚至在对镰虾的原始描述中，科学家误以为它们的第六腹节和尾节是融合在一起的。

相比这种“简单粗暴”的严防死守，长额虾科异腕虾属（*Heterocarpus*）的许多物种有着更加高级的防御手段。它们可以在肝胰腺中制造一些特殊的分泌物，其中含有腔肠素和荧光素酶。异腕虾将这些分泌物储存在胃中，遇到危险时便从口将这些分泌物喷出。分泌物中的这两种物质在外界混合时会发生氧化还原反应，

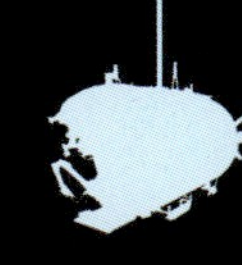

异腕虾

陈氏异腕虾（*Heterocarpus chani*）

发出耀眼的蓝色荧光，好像蓝色的火焰。这种蓝色的荧光在水中会迅速湮灭。这是一种防御性生物发光现象，可以分散捕食者的注意力，让捕食者在一瞬间无法做出正确的判断，从而创造机会，利于异腕虾逃脱。这种“烟火戏法”并非异腕虾的专利，许多种类的深海虾都掌握了类似的技能。某些疣背糠虾以及一些头足类，也会吐出大量的发光物质作为紧急状况下的御敌手段。在黑暗之中对于光的巧妙利用已经成为深海生物生活的一部分。

阿尔文虾科（Alvinocarididae）的成员生活在水深二三百米到三四千米的海域。它们是深海化能生态系统中比较有代表性的甲壳动物之一。自从 1982 年“阿尔文”号潜水器在科隆群岛附近海域海底第一次采集到这类生物开始，阿尔文虾都只在深海的热液或者冷泉生态系统中被发现。它们似乎青睐于这片充斥着硫化物、碳氢化合物和重金属的海底“炼狱”。

阿尔文虾的足迹遍布世界各地的深海热液和冷泉生态系统，尤其是在大西洋洋中脊以及印度洋的几个热液喷

成群的阿尔文虾

口附近，它们是无可取代的优势类群。无数阿尔文虾密集地聚居在一起，颇为壮观。

由于生活在极端环境中，阿尔文虾的身体发生了诸多的适应性特化。裂隙虾属（*Rimicaris*）的视觉器官发生了不可思议的特化以适应这里特殊的环境。它们的眼睛缺乏色素，眼柄变得短而扁。在某些种类中，两个眼柄融合，在原本是眼睛的位置形成一个被称作眼板的简单结构，以至于它们看起来似乎没有眼睛。

这对极端退化的眸子是没有成像能力的，但裂隙虾却并不是“瞎子”。在无眼裂隙虾（*Rimicaris exoculata*）的背部中央，透明的甲壳下有一对十分明显的亮粉色结构，这个结构被称作胸眼，它是由角膜和视神经经过特化异位形成的。科学家发现胸眼组织中含有浓度很高的视紫红质。这种视觉色素的出现暗示着无眼裂隙虾的胸眼也许是能看见东西的。那么，在漆黑一片的海底，这对长在背上的古怪胸眼是用来观察什么的呢？基于这个问题，科学家结合无眼裂隙虾胸眼视紫红质特性和热液环境的理化性质进行了复杂计算，得出了非常有趣的结论：这对胸眼也许能“看到”三四百摄氏度的热液喷口所发出的黑体辐射（black-body radiation），而我们人类的肉眼是无法察觉这种辐射的。胸眼对无眼裂隙虾来说意义重大。无眼裂隙虾的主要食物是热液喷口附近的硫细菌。无眼裂隙虾需要靠近热液喷口捕获这些细菌，并把它们“培养”在自己的口器上作为食物。因此，它们既要足够接近喷口，又要避免自己被喷口喷出的滚烫的热液“煮熟”。胸眼的存在让它们可以直观地“看到”危险，始终与致命的喷口保持安全距离。

无眼裂隙虾

阿尔文虾属（*Alvinocaris*）是阿尔文虾科最大的属。与裂隙虾属类似，阿尔文虾属物种的眼睛也发生了一定程度的退化，大多表现为眼柄的缩短和角膜色素的缺失。它们也与一些化能自养细菌形成了微妙的共生关系。科学家在阿尔文虾的鳃和肠道内都发现了

栖息于环太平洋火山带的阿尔文虾

共生菌群落，这些细菌可能通过合成有机物供养阿尔文虾，或者分解含硫有毒化合物的方式帮助阿尔文虾在极端环境下生存。长额阿尔文虾（*Alvinocaris longirostris*）是目前已知唯一一种在冷泉和热液两种化能生态系统中都有分布的阿尔文虾，主要分布在冲绳海槽以及日本周边海域。长额阿尔文虾这种对化能生态系统广泛的适应性引起了科学家的兴趣。我国科学家在分子层面上研究了它们的适应机制，以探究大型甲壳动物究竟是如何适应深海化能生态系统极端环境的。科学家发现，长额阿尔文虾在蛋白修饰上与它们浅海的“亲戚”有所不同，一些特殊的乙酰化修饰位点也许可以在生理上帮助它们在恶劣的环境下生生不息。

在南海冷泉区发现的阿尔文虾

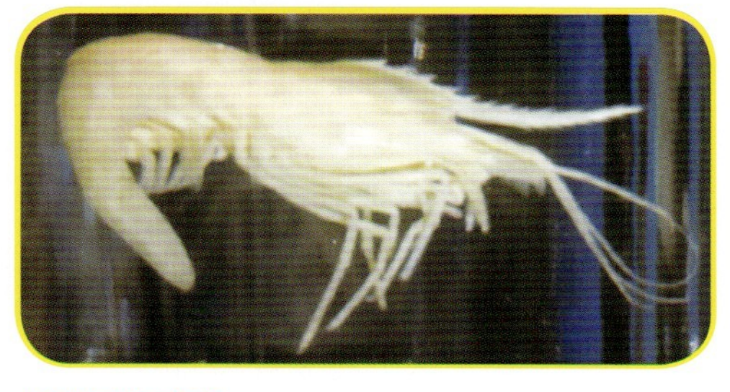

长额阿尔文虾

科学阿尔文虾（*Alvinocaris kexueae*）是我国科学家近年在西南太平洋1 714 ~ 1 910米深处的马努斯海盆热液喷口发现的一个阿尔文虾属新种，种加词“kexueae”是对我国科考船“科学”号的致敬。

目前，我们对于深海虾类的了解依然有限，近年来不断报道的新种也暗示着它们的多样性可能比我们预期的更高。对于这些物种的研究或许可以帮助我们更好地了解极端环境下生命的抉择与演化。

科学阿尔文虾
（来源：Yan-Rong Wang 等）

“科学”号科考船

蟹

蟹，泛指甲壳动物亚门短尾下目的所有物种。它们是甲壳动物中物种多样性较高的类群之一。目前全世界已经报道了超过 12 000 种蟹。这些蟹有着多种多样的形态和生存策略，从海洋到淡水乃至陆地都有分布。在海洋中，蟹主要分布在潮间带到浅海的范围内，只有少数类群会步入黑暗的深海定居。深海蟹的生活鲜为人知，有待探索。与浅海的“亲戚”相比，深海蟹面对的是更为严酷的自然环境。它们通常有着巨大的体形，即患有所谓的“深海巨人症”。这种现象可能与低温、较少的食物以及更长的寿命有关。一些观点认为，这也许可以帮助它们应对长时间的饥饿和恶劣的自然环境。

人面蟹科（Homolidae）是蟹类中较为原始的一个类群。它们的最后一对步足末端特化成了亚螯结构，类似于螳螂的捕捉足，可以用于持握。它们会用这

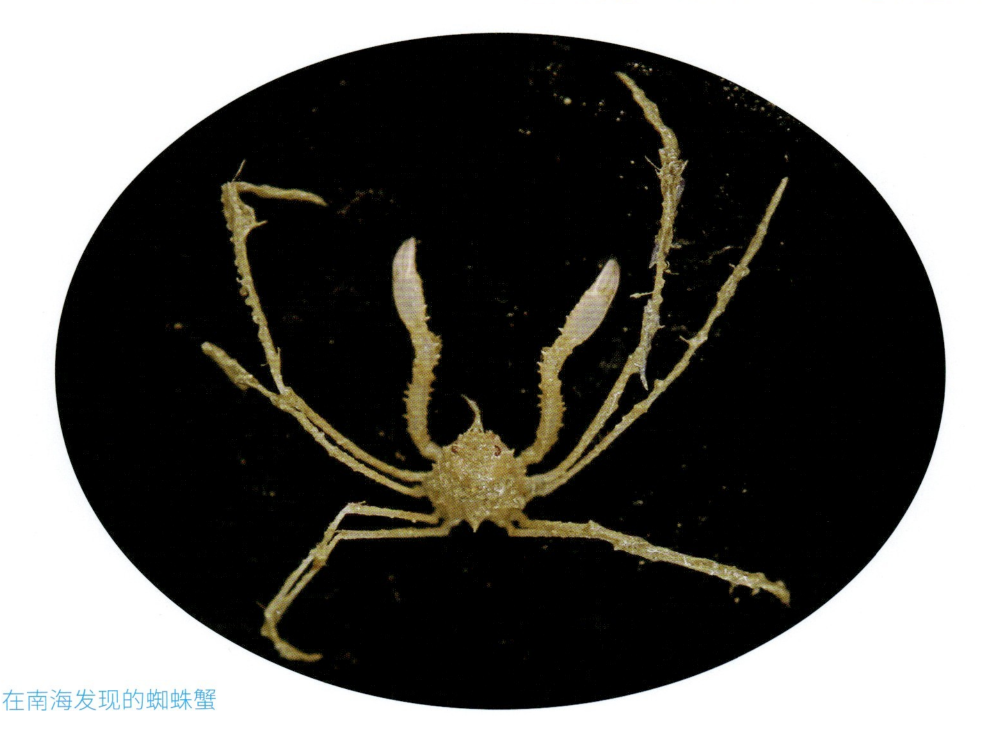

在南海发现的蜘蛛蟹

居氏拟人面蟹

对特化的足抓取一些无脊椎动物背在自己背上，包括珊瑚、贝类、海绵，甚至是活的海胆。它们也因此被人们称为搬运工蟹。这通常被认为是一种伪装或者防御机制，用来隐藏自己或者分散敌人的注意力。居氏拟人面蟹（*Paromola cuvieri*）生活在东大西洋和地中海，分布水深可以达到 1 212 米。同该科的其他物种一样，居氏拟人面蟹也会用最后一对附肢携带一些无脊椎动物。在水深 1 000 余米处，光线已经非常有限了，运用携带物进行隐藏似乎作用不大，但居氏拟人面蟹还是学会了如何利用这些“包袱”。科学家发现它们会把海绵当作盾牌使用。在争夺食物时，这些螃蟹会用自己携带的海绵推搡和驱赶竞争者。当一条灰六鳃鲨（*Hexanchus griseus*）准备袭击一只居氏拟人面蟹时，这只居氏拟人面蟹把海绵高高举起，挡在自己和灰六鳃鲨之间以自卫。

携带着海绵的居氏拟人面蟹
（来源：Francesca Capezzuto 等）

灰六鳃鲨

蜘蛛蟹科（Inachidae）的许多物种居住在深海。它们大多体形硕大，有着梨形的头胸甲以及和头胸甲不成比例的大长腿。这样的形象也让它们成为除了巨型头足类之外的另一类承载深海恐惧的生物。甘氏巨螯蟹（*Macrocheira kaempferi*）就是这样一个例子。这是目前知道的蜘蛛蟹科巨螯蟹属（*Macrocheira*）唯一的现存物种，一般在水深 50 ~ 600 米的海底营底栖生活，主要分布在日本的本州岛南部，在我国台湾海域也有零星的发现。

蜘蛛蟹

甘氏巨螯蟹

这种螃蟹有着硕大的体形，步足完全伸展开来时，两步足尖端之间的距离可以达到 4 米，是已知足展最大的节肢动物。鉴于这个恐怖的体形，早年关于甘氏巨螯蟹有众多传言。曾经在网上流传的“杀人蟹”就是以它为原型的。按照传言，这种居住在深海的螃蟹会在晚上悄悄地爬上小渔船，用锋利的爪子把船员扎个对穿，带回海底吃掉。实际上，

甘氏巨螯蟹

甘氏巨螯蟹

虽然有着巨大的体形和凶悍的外表，但是巨螯蟹是温和的底栖食腐动物，偶尔会捕食小型的无脊椎动物。在日本的某些地区，甘氏巨螯蟹被作为食用蟹。在捕捞的过程中，渔民发现它们锋利的步足的确可以对人造成严重的划伤，但是关于“杀人蟹”的传说显然只是艺术加工后的“作品”而已。

怪蟹科（Geryonidae）查氏蟹属（*Chaceon*）的物种是深海渔业的重要捕捞对象之一。它们生活的深度跨度很大，通常在 200 ~ 1 000 米。这些蟹类中普遍存在着一种有趣的按性别分带分布的现象：通常来说，雌蟹倾向于分布在较浅的水域，而在较深的地方则生活着体形更大的雄蟹。

苍白查氏蟹（*Chaceon albus*）生活在西澳大利亚州附近海域的底部，在水深 700 ~ 800 米范围内最为密集。这里的水温通常只有 5 ~ 8 摄氏度。在这样的环境中生活，苍白查氏蟹有着极为缓慢的生长速度和较长的寿命。苍白查氏蟹雄性需要 12 年左右才会性成熟，寿命长达 30 年，头胸甲宽度可以超过18厘米，体重超过3千克。这些大型深海蟹是投机主义的捕食者，遇到活物时它们就是积极的猎手，遇不到就扮演着清道夫的角色。

在西澳大利亚州，这一物种被视为重要的渔业资源而被捕捞。鉴于其较长的生长期，苍白查氏蟹的生物资源一旦受到破坏就很难恢复。对此，西澳大利亚州渔业部（Western Australian Fisheries Department）规定，只有头胸甲宽度超过12厘米的个体才可以被捕捞并流入市场，禁止捕捞幼体和抱卵雌性。实际上，雄性需要大约15年才可能长到12厘米，而雌性的体形较小，几乎终生无法达到这个指标。这一规定可以让几乎所有雌性个体和未达到性成熟的雄性个体免遭商业捕捞的侵害。

在我国水产市场，苍白查氏蟹由于其洁白的外表，通常被称为“澳洲雪蟹”或者“澳洲水晶蟹”，经济价值很高。据说其肉鲜甜。由于甲壳中缺乏色素，苍白查氏蟹即使煮熟也不会变红，依旧是象牙般的白色。

分布于西大西洋的另外两个查氏蟹物种 *Chaceon quinquedens* 和 *Chaceon*

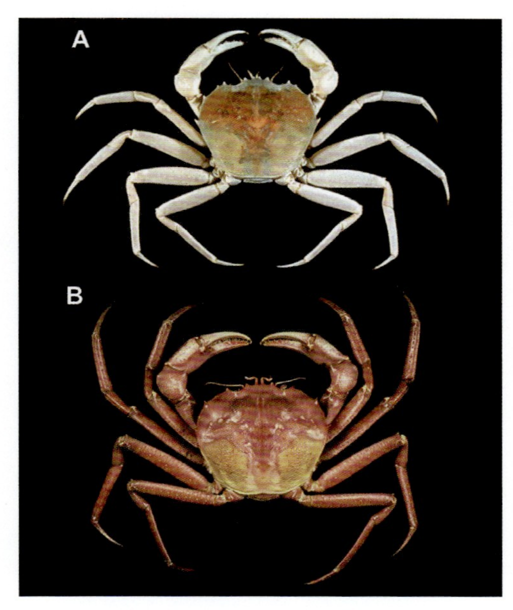

苍白查氏蟹(A)和曾长期与其混淆的一个相似种：双色查氏蟹（*Chaceon bicolor*）(B)（来源：Davie P J F 等）

雄性苍白查氏蟹腹面观（来源：Davie P J F 等）

雌性苍白查氏蟹腹面观（来源：Davie P J F 等）

fenneri，在当地也是重要的海产经济物种。它们由于其甲壳的颜色分别被市场称为深海红蟹（deep–sea red crab）和黄金蟹（golden crab）。在美国东北部海域有运作体系成熟的深海红蟹渔场，已经经营了将近50年。该属的另一个物种颗粒查氏蟹（*Chaceon granulatus*）生活在西太平洋的深海中，在我国台湾海域有分布。颗粒查氏蟹栖息于水深240 ~ 950米的泥沙质海底，和大多数深海“亲

查氏蟹 *Chaceon fenneri*

查氏蟹 *Chaceon quinquedens*

深洋蟹科的物种 *Allograea tomentosa*
（来源：Noémy Mollaret）

深洋蟹 *Bythograea vrijenhoeki*
（来源：Noémy Mollaret）

戚”一样有着硕大的体形和较长的寿命。虽然产量较低，但该物种也同样被视为潜在的渔业资源。

这类生长缓慢的长寿生物的共同特点就是种群十分脆弱，因为它们有着更长的生长和繁殖周期，其种群一旦遭受破坏就需要极其漫长的时间进行恢复。随着人类逐渐将渔业捕捞的目光聚焦到深远海，这些神秘的“深海巨怪”正在一步步走向市场和百姓的餐桌。想利用好这些生物资源，充分了解其种群现状并制定严格的管理制度加以保护是十分必要的。

深洋蟹科（Bythograeidae）的物种是一类化能生态系统中特有的螃蟹，该科的大多数成员生活在1 000 ~ 3 660米水深的热液环境中，目前该科包含6个属（*Allograea*、*Austinograea*、*Bythograea*、*Cyanagraea*、*Gandalfus*、*Segonzacia*）15个种。它们有着椭圆形的头胸甲和洁白的外骨骼。在某些热液喷口，该科物种的蟹壳因为铁和锰的氧化物沉积而呈现出铁锈色、橙色等颜色。其成体的眼睛有不同程度的退化。

深洋蟹 *Segonzacia mesatlantica*

深洋蟹属的 *Bythograea thermydron* 是该科最早被发现的物种，也是研究相对充分的一个物种。它们是热液生态系统中的掠食者，主要以管虫、贻贝及其他甲壳动物为食。在

繁殖期间，抱卵的雌性会从热液喷口附近离开，来到热液区边缘区域释放浮游幼体，这可能是为了让幼体免遭热液喷口汩汩而出的重金属和硫化物的毒害。但是幼体长大后必须及时回到更加富饶的热液喷口附近才能获取足够的食物。在漆黑的深海，这并不如听上去那么简单。

科学家发现，在个体发育的过程中，这个物种的眼睛经历十分有趣的阶段性变态。在最初营浮游生活的溞状幼体和大眼幼体阶段，它们眼睛的结构与功能与大多数深海甲壳动物没有明显的不同，这时它们的眼睛对短波长的蓝绿色光最为敏感，可以更好地察觉环境中生物发出的蓝绿色光，及早发现食物或者天敌。但当大眼幼体发育为稚蟹，准备结束浮游生活沉向海底时，它们的眼睛经历了一次大规模的改造。稚蟹的眼睛失去了角膜、晶锥等诸多光学结构，但依旧保留了充当视网膜的感杆束。这种改造后的眼睛有着与幼体眼睛不同的能力。它们的感杆束变得高度膨大，其中的视觉色素变化也让它们对长波长的光越来越敏感，这样有助于它们感知热液喷口附近化学反应产生的微弱的长波长光。依靠这种特殊的视力，深洋蟹稚蟹可以精确地判断热液喷口的位置，以便在沉降的过程中选择合适的生活场所，为它们此后长达 10 年的成体期打下基础。

深洋蟹 *Bythograea thermydron*
（来源：Noémy Mollaret）

这个物种的血蓝蛋白结合和运输氧气的能力异常强，但在温度超过 10 摄氏度时，血蓝蛋白结合氧气的能力却会逐渐降低。这可能是为了确保当深洋蟹位于热液喷口附近温度较高的缺氧区域时，血蓝蛋白可以适度地释放氧气以保证个体组织的氧气供给。另外，它们对于温度的适应能力也强于大多数甲壳动物。可见，这一物种表现出了对热液环境的多重适应性。

同属深洋蟹科的奥氏蟹属（*Austinograea*）的物种主要分布在西北和西南太平洋弧后盆地深海热液区，它们生活的水深可以超过 3 600 米。与深洋蟹属的物种类似，奥氏蟹的成体也有高度退化的眼睛。它们的眼柄极度缩短而且不能移动，角膜缺乏色素。有些物种的角膜被眼窝的甲壳遮盖，或者完全失去了角膜。

作为姊妹属，甘氏蟹属（*Gandalfus*）物种形态与奥氏蟹接近，主要分布在水深 200 ~ 1 647 米处，是深洋蟹科中分布最浅的一个属。它的属名来自托尔金的著名

光手奥氏蟹（*Austinograea alayseae*）
（来源：Noémy Mollaret）

光手奥氏蟹
蟹壳因为铁和锰的氧化物沉积而呈现橙色。旁边是一群阿尔文虾。拍摄地为西太平洋劳海盆水深 2 621 米处。

标记 e 的椭圆形区域为退化的眼柄。眼柄已经与周围角质融合在一起，角膜完全消失。
A 图标尺长 5 毫米，B 图标尺长 1 毫米。
奥氏蟹 *Austinograea williamsi* 扫描电镜照
（来源：Hessler 和 Martin）

长篇魔幻小说《指环王》中的一个角色——白袍巫师甘道夫（Gandalf）。这部小说的同名电影由彼得·杰克逊执导，在新西兰拍摄，而新西兰也是该属模式种 *Gandalfus puia* 的模式产地。《指环王》的故事里，还是灰袍巫师的甘道夫曾与炎魔作战，二者一同落入都灵之渊，坠入深水。他们从深水中起身，踏上无尽之阶，一边向上爬一边缠斗。最后在西拉克西吉尔峰上，甘道夫挥剑杀死了炎魔。在这之后，甘道夫化身为白袍巫师。现实中的深洋蟹同样面对着“深水”与“炎魔”，这些在海底的热液喷口栖身的白色精灵的生活可谓“水深火热”。目前深洋蟹科与其他蟹类的亲缘关系还不甚明朗，这些“白袍巫师”究竟是如何坠入深海的还有待进一步的研究。

甘氏蟹 *Gandalfus puia*

汤花甘氏蟹（*Gandalfus yunohana*）
（来源：Noémy Mollaret）

铠甲虾

铠甲虾是一类鲜为人知的甲壳动物。它们的体貌介于长尾类（虾）和短尾类（蟹）之间，看起来比虾胖一点，比蟹瘦一点。硬要说的话，它们像发福的小龙虾。铠甲虾的英文名为“squat lobsters”，意思便是“矮胖的龙虾”。不过“squat”这个单词也有“蹲”的意思，因此在有些文献中这个名字常被翻译成“蹲龙虾”。某种意义上来说，“蹲龙虾”也是个十分形象的名字，因为铠甲虾的腹部有一定程度的退化，平时它们总是把尾巴蜷缩在身体下方，给人一种“蹲着”的感觉。除此之外，铠甲虾还有一个有别于其他虾的特征：它们的最后一对步足十分弱小，尖端通常呈螯状，折叠在身体两侧，很不起眼。乍看起来，它们好像只有 3 对步足。

锯角仿刺铠虾（*Munidopsis serricornis*）

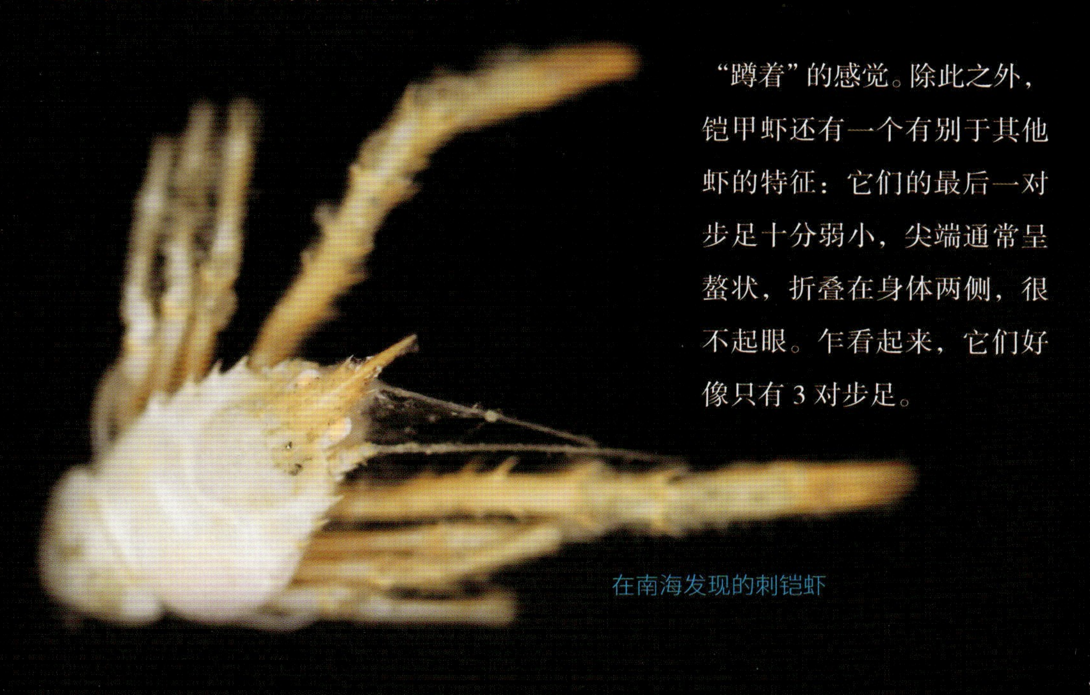

在南海发现的刺铠虾

辉虾 *Aegla* sp.

在珊瑚礁中与海齿花（*Comanthus* sp.）共栖的美丽异铠虾（*Allogalathea elegans*）

虽说铠甲虾和小龙虾在外貌上有些相似，不过二者的亲缘关系相去甚远。铠甲虾隶属于异尾下目（Anomura），这一下目包括石蟹类、寄居蟹类等很多生物。而我们熟知的大多数虾、蟹均不是此家族的成员。广义上的铠甲虾包括异尾下目的辉虾总科（Aegloidea）、柱螯虾总科（Chirostyloidea），以及除瓷蟹科以外的铠甲虾总科（Galatheoidea）的成员。除了只在淡水中生活的辉虾总科的物种，铠甲虾其他类群从潮间带到深海都有分布。多数铠甲虾为底栖生物，它们大多不擅长游泳，爬行速度也比较缓慢，喜欢待在珊瑚、海百合、海绵等固着生物上。在浅海的珊瑚礁，你可以看到多种多样、色彩斑斓的铠甲虾隐匿其间。

不过总体来说，深海才是铠甲虾的主场。在这里，它们混得风生水起。在许多特殊的深海环境中，它们都是独霸一方的优势类群，而且有着很高的多样性。鉴于这一点，它们经常被作为研究深海生物的模式生物。

铠甲虾家族最有名的物种，可能要数多毛基瓦虾（*Kiwa hirsuta*）。这种生物在国内有个更为响亮的名字——雪人蟹。被叫作“雪人”大概是因为它们有着纯白的外表和布满绒毛的螯肢。不过要强调的是，它们可不是螃蟹。多毛基瓦虾是柱螯虾总科基瓦虾科（Kiwaidae）的成员。2005 年，“阿尔文”号潜水器在太平洋－南极海岭水深 2 228 米处的热液喷口附近采集到了这种长相诡异的生物。鉴于它们独一无二的形态和 DNA 层面的数据，当时科学家专门为它们建立了独立的属和科。“Kiwa”这个属名（同时也是科名的词源）来自波利尼西亚神话故事中的一个海神的名字。传说他和自己的第二任妻子——“海洋之女”Hinemoana 生下了许多孩子，而这些孩子后来分别成了不同海洋生物的“祖先”。

多毛基瓦虾

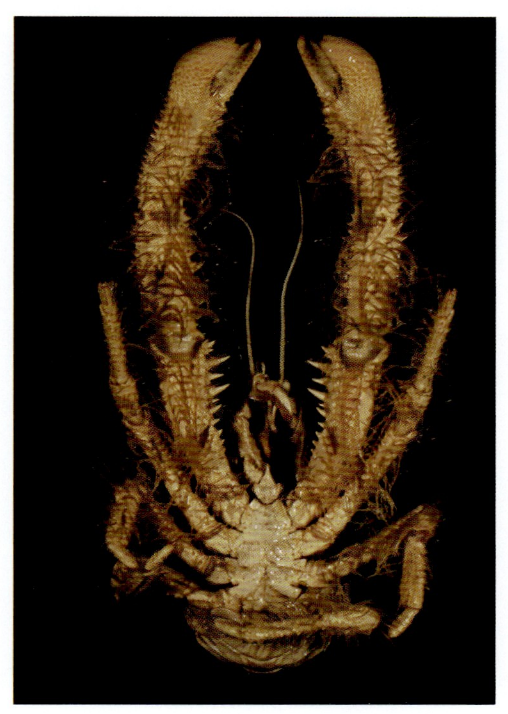

多毛基瓦虾

柯氏潜铠虾（*Shinkaia crosnieri*）是铠甲虾家族另一个重要的成员。它们生活在水深 1 200 ～ 1 500 米的深海化能环境中，在西太平洋的许多热液和冷泉生态系统中都是重要的优势种，会形成密集的种群。大量白色的柯氏潜铠虾匍匐在绵连的黑褐色贻贝床上，构成了化能生态系统的典型图景，带给人的视觉冲击相当震撼。与化能生态系统中的很多大型生物一样，柯氏潜铠虾也与化能自养细菌结成了有趣的共生关系。柯氏潜铠虾的体表覆盖着浓密的刚毛，这些刚毛为硫氧化菌等化能自养细菌提供了栖息之所。刚毛上的化能自养细菌利用环境中的无机物进行氧化还原反应，释放能量，合成有机物，进而茁壮成长。柯氏潜铠虾则会将这些细菌作为自己的食物来源之一。它们会用第三颚足梳理自己沾满附生细菌的“毛发”，再将第三颚足送到嘴边，看起来好像猫儿、狗儿在舔舐自己的毛，其实这是一种进食行为。除此之外，柯氏潜铠虾也是个机会主义者，死去的贻贝和其他深海生物也会成为它们的食物。

柯氏潜铠虾 *Shinkaia crosnieri*

随着近年来我国深远海科考实力的提升，我国的科学家发现了许多铠甲虾的新种。在这方面，我们的“蛟龙”号载人潜水器功不可没。蛟龙折尾虾（*Uroptychus jiaolongae*）是“蛟龙”号在中国南海东北部 1 138 米的深海中采集到的一个新种，隶属于柱螯虾科（Chirostylidae）折尾虾属（*Uroptychus*）。该物种的种加词“jiaolongae”是对“蛟龙”号载人潜水器的致敬。蛟龙折尾虾被发现在冷泉生物群落的边缘，与深海的柳珊瑚共栖。它们利用细长的步足攀附在柳珊瑚的枝杈上，从珊瑚的枝条上刮取食物，生活方式与它们在浅海珊瑚礁中的“亲戚”有点类似。不过与浅海铠甲虾不同的是，它们没有五颜六色、斑斓靓丽的相貌，而是和许多深海的甲壳动物一样披上了在黑暗中更加安全的橙色或者红色的“外衣”。“蛟龙”号载人潜水器同一航次采集到的另一个折尾虾属新种微刺折尾虾（*Uroptychus spinulosus*）体形要更粗壮一些，生活在海底沉积物上。

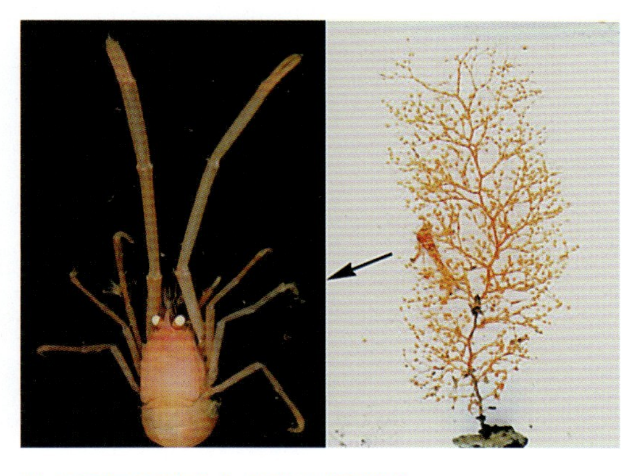

蛟龙折尾虾以及它栖息的柳珊瑚

微刺折尾虾

拟刺铠虾属（*Muidopsis*）是铠甲虾中多样性较高的一个属，全球共有 250 余种。它们是典型的深海底栖生物，也是已知分布最深的铠甲虾类群之一。2016 年，“蛟龙”号载人潜水器在马里亚纳海沟水深 5 491 米处的一片泥火山地带记录到一只台湾拟刺铠虾（*Munidopsis taiwanica*）。这是铠甲虾类在马里亚纳海沟首次被发现，也是迄今铠甲虾分布最深的记录。它在海沟的沉积物上爬行，食物来源可能是沉积物中的细菌以及小

拟刺铠虾 *Munidopsis albatrossae*

型无脊椎动物。在这个深度，漆黑一片，连生物发光都很少。既然如此，保护色也就失去了意义。铠甲虾大多失去了色素，展露出苍白的外壳。但有趣的是，科学家注意到即使在这种情况下，这只拟刺铠虾似乎依然固执地进行着伪装：它背着很多深色的海底沉积物，一些弯曲的羽状刚毛将这些沉积物固定在体表。类似的情况经常出现在蜘蛛蟹总科（Majoidea）中。某些生活在浅海的蜘蛛蟹把藻类放在自己身上，为的是更好地融入环境。在黑暗的深渊里，这似乎多此一举。这是一种刻意的伪装还是一个巧合，又或者别有用意？相关问题还有待进一步研究。

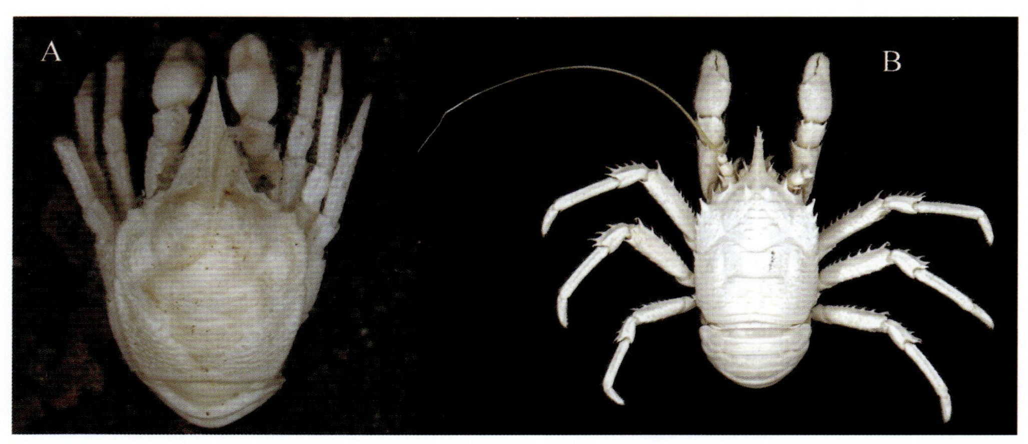

拟刺铠虾 *Munidopsis albatrossae* (A) 和 *Munidopsis spinifrons* (B)

多螯虾

多螯虾科的物种

多螯虾科（Polychelidae）是多螯虾下目（Polychelida）仅存的一个科，现存6个属37个物种。这类生物的前4对步足都特化成了螯肢，某些物种的雌性甚至连第5对步足末端都带有螯。这便是它们名字的由来。多螯虾在中生代最为繁盛，达到了多样性的顶峰，至少有5个科，但在演化的过程中它们大多消失在时间的长河里。从仅存的多螯虾科物种的身上，我们依然可以清晰看到那些化石生物的风貌。我们称这样的生物为“活化石”。

早在1862年，Camill Heller就描述了这个类群的第一个物种：盲多螯虾（*Polycheles typhlops*）。尽管只有一个标本，他还是立即就意识到：这个东西和现存的所有真虾、龙虾、小龙虾都不太一样，反而和一些来自侏罗纪的化石类群惊人地相似。随后“挑战者”号探险队在深海发现了更多活生生的多螯虾，这些“活化石”逐渐为人所知晓。当年发现者们兴奋的心情可想而知。

盲多螯虾和多螯虾 *Polycheles sculpta*

多螯虾的祖先在2亿多年前就存在于地球上。直到如今，与它们极度相似的后代依然在深海生生不息。这不得不说是一个奇迹。虽然被誉为“活化石”，但在漫长的时光里，多螯虾并非一成不变，它们也经历了自然选择和演化。

多螯虾化石种，例如鞘虾科（Eryonidae），大多有着宽大的头胸甲、发达的眼睛以及粗壮的螯肢。通过对多螯虾化石种的古生态学和形态学研究，科学家认为这些生物起源于浅海，曾经在浅海海底营爬行生活，主动搜索食物，类似于现在的某些螯虾。随着时间的推移，多螯虾逐渐向深海迁移，形态也发生了变化。现存多螯虾主要在深海被发现，其栖息水深最深可达 5 000 余米。在黑暗的深海，它们的眼睛逐渐退化，眼柄依然存在，但角膜已然消失，完全失去了视力。它们原本粗壮的螯肢变得纤细修长，生活方式也由主动搜索食物变为被动伏击。大多时间里，它们把自己埋在海底的沉积物中，将螯肢折叠在

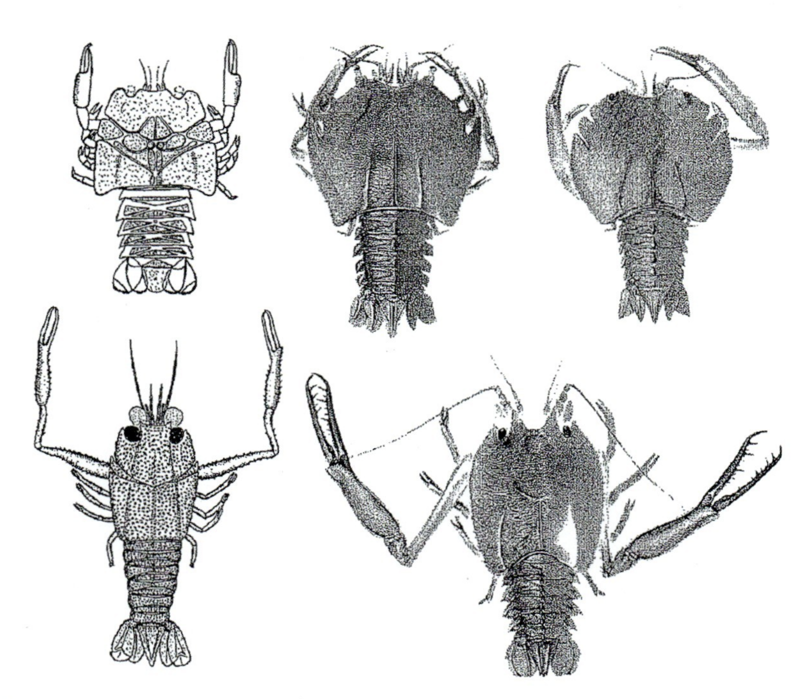

多螯虾下目部分化石种的复原图
（来源：Ahyong S T）

部分现存多螯虾物种
（来源：Ahyong S T 和 Chan T Y）

身体两侧，等着猎物自己送上门。与这种守株待兔的捕猎方式相配合，它们的第一触角基节具有一枚发达的刺，两个触角的刺合并在一起时，就形成了一个管状结构，这使得它们埋在沉积物中依然可以正常呼吸。多螯虾主要捕食底栖的小型无脊椎动物，但同时它们也是机会主义的食腐者。

冲绳一水族馆人工饲养的日本多螯虾
（*Polycheles amemiyai*）

糠虾与疣背糠虾

糠虾是一类体形微小的浮游甲壳动物，包含约 1 100 个物种，从潮间带到深渊都有它们的足迹，有些物种甚至分布于淡水中。在分类学上，它们与真虾相距较远。看起来微不足道的糠虾在海洋生态系统中有着重要的作用，它们为为数众多的鱼类以及其他游泳动物提供了赖以为生的饵料，是海洋食物链中的重要一环。在深海，这类生物同样不会缺席。*Xenomysis unicornis* 是我国科学家 2020 年发现的一个糠虾目新种。这个物种发现于马里亚纳海沟水深 7 449 米的深渊中，这是糠虾目有史以来最深的分布记录。在黑暗的环境中，该物种的眼睛发生了严重的退化，角膜消失，两只眼睛相互融合形成一个独立的眼板，已然失去了视力。在糠虾头胸甲的前缘有一个尖锐的直立突起，就像是某种怪兽头部的独角。鉴于其独特的形态特征和分子系统学的研究成果，科学家为这个物种建立了单独的属 *Xenomysis*。该物种的属名在希腊语中意为“奇怪的、外星的”，用以形容其模式产地的偏远和其形态的怪异；种加词“unicornis”意为“独角”。

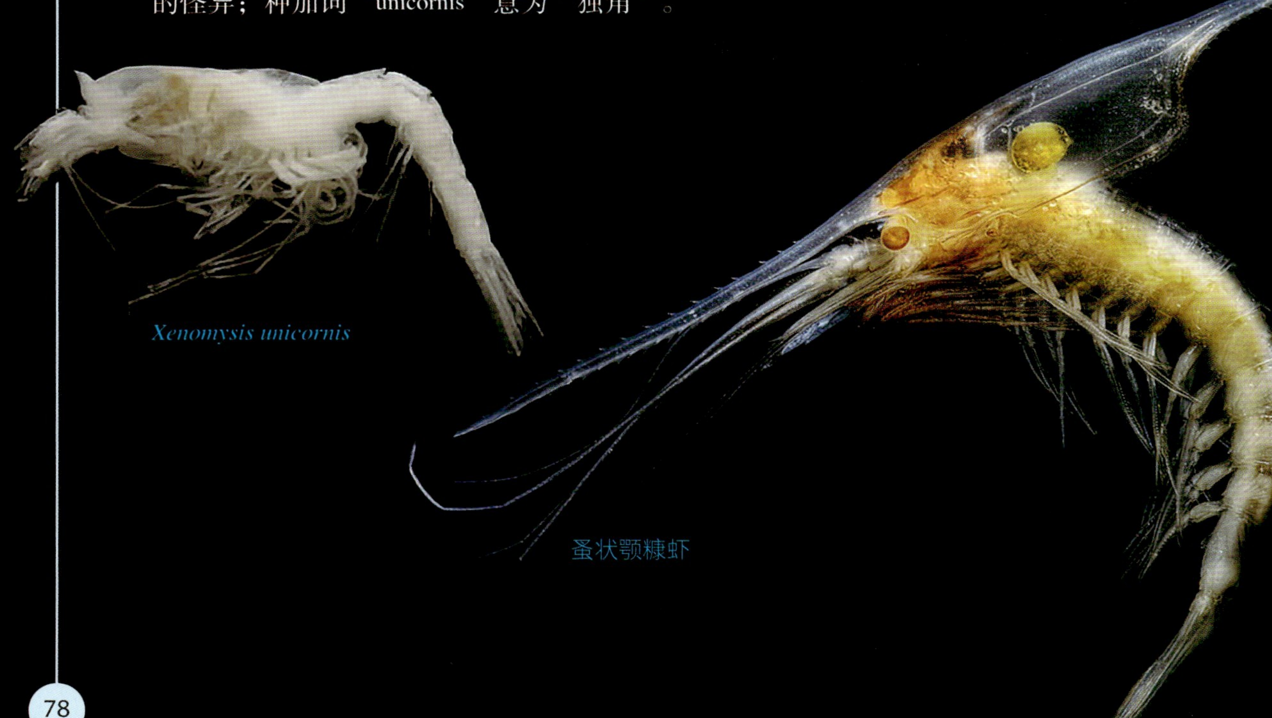

Xenomysis unicornis

蚤状颚糠虾

疣背糠虾是一类与糠虾形态类似的浮游甲壳动物，曾经被归类于糠虾目，但随后的解剖学证据表明它们并非糠虾。现在它们有了属于自己的目——疣背糠虾目（Lophogastrida）。这类生物最为明显、也最让人印象深刻的形态特征，就是在其头胸甲的背面通常形成一个向后延伸的细长喙状突起，看起来像向后生长的角。

疣背糠虾大多生活在深海。和许多深海甲壳动物一样，它们的外骨骼时常呈现出鲜艳的红色，以便在黑暗中隐藏。作为深海浮游动物，它们有着重要的生态作用。

在太平洋，蚤状颚糠虾（*Gnathophausia zoea*）主要分布于热带海域。我国东海和南海有蚤状颚糠虾分布。它们在 200 ~ 4 000 余米的深海水层中营浮游生活，是许多深海鱼类的重要食物来源。

巨额颚糠虾（*Neognathophausia ingens*）是疣背糠虾中的异类。相比于大多数体形小巧的同类，巨额颚糠虾的体长通常在 10 厘米左右，某些个体的体长甚至超过 30 厘米。它们是世界上已知体形最大的浮游甲壳动物，主要以其他甲壳动物为食。与很多真虾类似，巨额颚糠虾也可以在遇到天敌时喷出发蓝色光的物质来分散敌人的注意力，趁机开溜。

巨额颚糠虾

蔓足类

藤壶和茗荷是海边常见的固着生物，在浅海和潮间带经常可以看到它们成片地生长在礁石上。由于体表覆盖有坚硬的骨板，藤壶和茗荷经常被误认为是贝类，但实际上它们隶属于蔓足亚纲（Cirripedia），是一类比较特殊的甲壳动物。在生长发育的初期，藤壶的浮游幼体和其他甲壳动物一样可以自由活动，但经过数次变态发育之后，它们会蜕变为一种特殊的腺介幼体。腺介幼体会寻找坚硬的物体作为落脚点，利用胶质将自己固着在岩石或者其他物体的表面。固着之后它们会翻转自己的躯体完成最后一次变态，变成我们看到的样子。此时，成年的藤壶已经失去了运动的能力，依靠从头部伸出的蔓足过滤水流中携带的有机物为食。从外观上来看，藤壶像是一座小火山，直接“贴”在岩石上，被称为无柄类；而茗荷则长着长长

藤壶

的带有鳞片的柄，被称为有柄类。一般认为有柄类要比无柄类更为原始。无柄类的祖先曾经也拥有发达的肌肉质柄。在演化的过程中这个柄逐渐缩短，以至消失，藤壶便成了矮胖的样子。

在南海发现的茗荷

发现原深茗荷（*Probathylepas faxian*）是我国科学家于冲绳海槽的一个热液喷口区域发现的蔓足类新种，它们生活在水深1 242.9米处的海底沉积物上。该物种的头部由30片骨板组成，肉质的柄没有任何鳞片覆盖。骨板特殊的排列模式以及裸露的柄让它们与任何已知的蔓足类都不同。鉴于其独特的形态特征，我国科学家在分类系统中为其建立了新的科和属。该物种的种加词是对“科学”号科考船所搭载的无人有缆遥控潜水器（remotely operated vehicle，ROV）——“发现”号的致敬。原深茗荷的形态介于有柄类与原始的无柄类之间，可能是有柄类向无柄类转化的一个过渡类群，在生物的演化史上有着重要的地位。

由于藤壶和茗荷无法移动，如何找到同类繁衍后代就成了它们必须解决的问题。在这方面，藤壶有着独特的策略。藤壶多为雌雄同体，异体受精。在动物界，它们拥有长度与体长比例最大的交接器。在潮间带和浅海，藤壶经常形成比较密集的群体。藤壶即使本身无法移动也可以伸出超长的交接器寻找周围的同类，将精子排入同类外套腔进行交配。有些种类的茗

发现原深茗荷
（来源：Ren X Q 等）

荷可以将精子释放到海水中，让交接器所及范围以外的孤立个体受孕。在深海，某些茗荷甚至拥有更为奇特的解决方案。茗荷科的一些物种有着特殊的性别决定方式：浮游生活的腺介幼体接触到基质时，就会发育成一个正常的雌雄同体个体。在这之后，会有其他的腺介幼体被吸引到这只成体茗荷的出水口处，而它们中的一些会在出水口附近的一块骨板上附着并完成变态发育。不过附着在其他茗荷身上的幼体不会发育成雌雄同体的个体，而是会发育成体形极小、结构简单的雄性成体，被称为“矮雄”。矮雄几乎是寄生在雌雄同体的茗荷的身上的，它们的主要职责就是与自己的宿主完成交配。这样的繁殖方式能够避免个体距离过远而导致难以交配的尴尬局面。

等足类（深水虱）

深水虱属（*Bathynomus*）的成员是一类大型等足类动物，主要分布在水深170 ~ 2 140米的泥质海底。它们是深海中占据优势地位的食腐者，同时也是机会主义的捕食者。这类生物以某些成员异常巨大的体形而闻名。该属最早发现的物种巨型深水虱（*Bathynomus giganteus*）也被人们称作大王具足虫。这个物种的体长可以达到50厘米，是“深海巨人症”的范例之一。很难想象，我们日常生活中常见的鼠妇竟然是这些庞然大物的“亲戚”。

巨型深水虱主要分布在西大西洋，它们是知名度很高的深海生物之一。关于这种生物有一项非常有趣的世界纪录：日本鸟羽水族馆饲养的一只巨型深水虱在绝食了5年零43天之后死亡，这是人类观察下绝食时间最长的一只动物。据观察，这只名为“1号”的巨型深水虱偶尔会在食物附近活动自己的口器，但是5年来从

在南海发现的深水虱

在南海发现的深水虱

未真正进食。关于“1号”的报道在日本引发了一场意想不到的潮流。一时间，人们对这种神奇的生物燃起了浓厚的兴趣。为数众多的以巨型深水虱为题材的周边作品横空出世，包括玩偶、手办、抱枕甚至是漫画。“大王具足虫”这个名号也借此名扬四海，成了深海生物界最出名的“网红”。

其实并非所有深水虱属的成员都如大王具足虫那般巨大。分类学的最新观点认为深水虱属可以被分成两组：其中一组是包括大王具足虫在内的超大型组，它们体长可以超过50厘米；另一组则被称为大型组，是一些尺寸没有那么夸张的物种，它们的体长大多在10厘米左右。

道氏深水虱

道氏深水虱（*Bathynomus doederleinii*）就属于大型组。虽是巨型深水虱的“亲戚”，它们体长却只有 10 厘米左右。即便如此，它们也比那些体长通常只有几厘米的其他海洋等足类生物大了数倍。相较巨型深水虱，它们更为常见，经常会在渔业捕捞的过程中被抓到。较大的体形和较高的产量也意味着它们有一定的食用价值。在日本的某些地区，道氏深水虱被人们用作食材。据说，其味道与皮皮虾（口虾蛄）类似。

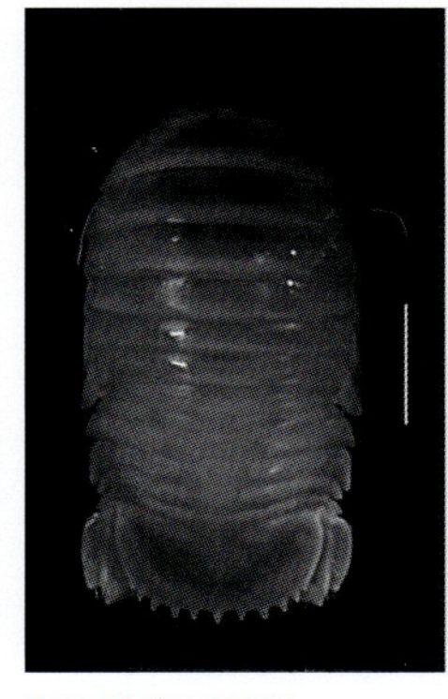

标尺长 1 厘米。
詹氏深水虱

詹氏深水虱（*Bathynomus jamesi*）是我国科学家发现的一个新种，是一种超大型的深水虱。这一物种的模式标本采集自海南岛附近海域。它们生活在水深 563 ~ 898 米的海底。随着对印度 – 西太平洋海底的不断探索，科学家意识到深水虱的多样性一度被忽视，这些深海“巨怪”的秘密将在今后逐渐被揭示。

端足类

钩虾是一类小型端足目(Amphipoda)动物的统称。这些动物曾隶属于端足目的钩虾亚目(Gammaridea),但根据最近分类学的研究,钩虾亚目并不是一个单系群。如今钩虾的分类系统经历了大规模的调整。目前世界范围内已经报道了超过10 000种广义上的钩虾。它们大多有着侧扁而弯曲的身体,营底栖生活。从淡水到海洋的潮间带,再到水深6 000余米的深渊带都有它们的踪影。退潮时,在海边的潮池中经常可以发现这些体形娇小的甲壳动物。它们的体长很少超过4厘米,通常情况下在1厘米以内,是许多小型动物重要的食物来源。

深海生活着种类繁多的钩虾,有的在海底营爬行生活,有的则在水层中营浮游生活。和许多无脊椎动物类似,深海钩虾中也存在难以置信的"巨大化"的现象。*Alicella gigantea* 隶属于光洁钩虾下目(Lysianassida),是已知体形最大的端足类动物。它们的体长可以达到34厘米,这个数字是钩虾普遍体长的近20倍。如此异常的体形加上塑料般的质感让它们看起来就像是等比例放大的钩虾仿真模型,极度缺乏真实感。这种巨大的端足类动物被认为在全世界各地的深海中都有分布,生活的水深在1 720 ~ 8 233米。它们也是已知分布较深的端足类动物之一,是海底重要的食腐动物。虽然分布广泛,但由于种群数量较低,这个物种十分罕见。

刘氏突钩虾(*Epimeria liui*)是我国科学家最近发现的一个深海钩虾新种。该物种发现于西北太平洋卡洛琳板块上一座还未命名的海山,发现地水深在813 ~ 1 242米。这个物种有着高度钙化的外骨骼,体表呈现出淡淡的粉红色,

Alicella gigantea

在背部中央的数个锐利的齿突指向身体后方。该物种的种加词是对我国著名海洋生物学家刘瑞玉先生的致敬。

定居慎蛾（*Phronima sedentaria*）隶属于端足目的蛾亚目（Hyperiidea），是一种大型浮游动物，它们广泛地分布于温带到热带的大洋中。

刘氏突钩虾

定居慎蛾的一生都过着无依无靠的漂泊生活。在这样的生活状态下，它们掌握了一种令人瞠目的生存技巧。作为水层中的掠食者，定居慎蛾主要狩猎胶质浮游动物，包括樽海鞘、火体虫及管水母。捕捉到猎物后，雌性定居慎蛾会将受害者吃空，并对胶质的住囊进行精细加工，把它做成一个精致的透明“小桶”。从此定居慎蛾便将这个“桶”作为自己的家，携带着它一同漂泊。这个透明“桶”既是定居慎蛾的卧室和餐桌，也是它们的育儿室。雌性定居慎蛾会在“桶”内产卵，并在那里抚育自己的孩子。雌性定居慎蛾捕捉到猎物后会将它拖入“桶”中，与蜂拥而上的孩子们一起享用。平时雌性定居慎蛾则会推着这个装有幼体的“桶”游动，这也是其英文俗名“pram shrimp”（推着婴儿车的虾）的来历。

定居慎蛾大多在较深的海域被发现，发现水深从 398 米到 2 400 米不等，但偶尔它们也会出现在

在南海发现的钩虾

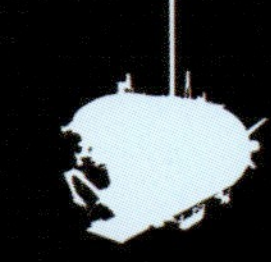

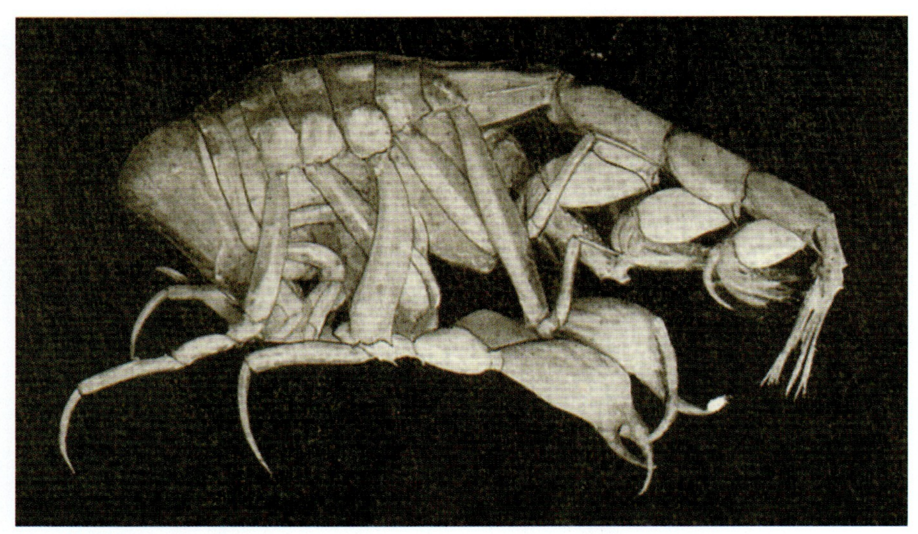

定居慎蛾

较浅的海域。科学家认为成年定居慎蛾主要在水深超过 1 000 米的深海活动。在夜晚，雌性定居慎蛾会推着“桶”来到浅海，释放已经足够大的幼体，再返回深海。独立生活的幼体可能会在成长的过程中逐渐向深处下潜。

定居慎蛾这种奇特的繁殖方式与科幻电影《异形》中的怪物相似，再加上二者都长着一个十分诡异的脑袋，很多人都怀疑这种生物就是《异形》中怪物的艺术原型。定居慎蛾在胶质浮游动物的体内产卵和育幼的行为接近于拟寄生。比较典型的拟寄生生物包括一些寄生蜂类。它们会在毛虫体内产卵。蜂的幼虫会从体内将毛虫蚕食殆尽并不断生长，最后破茧而出，羽化为成虫。拟寄生与寄生最主要的区别在于拟寄生生物最终会杀死宿主，而寄生生物虽然也会对宿主不利，但由于它们通常无法独立存活，一般还是会手下留情，保证宿主的存活。

海蜘蛛

海蜘蛛是一类形似蜘蛛的海洋节肢动物，隶属于螯肢亚门（Chelicerata）的海蜘蛛纲（Pycnogonida）。这些生物乍看上去与陆地上的蜘蛛十分相似，以至于最初它们被归入蛛形纲。然而，之后的解剖学证据表明它们与蛛形纲的生物截然不同，应该作为一个独立的类群与蛛形纲（Arachnida）和肢口纲（Merostomata）一同列于螯肢亚门，是古老的节肢动物之一。海蜘蛛纲也称为皆足纲，这主要是因为它们的4对步足非常发达，几乎和躯干一样粗细，

海蜘蛛

在 1 495 米水深处发现的 Collossendeidae 科海蜘蛛

栖息于海山（Axial Seamount）的海蜘蛛

让海蜘蛛看起来像由一堆腿拼凑起来的似的，甚至它们的肠道都会蔓延到腿中，形成一些盲囊。海蜘蛛的身体结构十分简单，甚至没有完整的呼吸系统。它们只能通过角质体表的气孔进行扩散式呼吸，而肠道的蠕动有助于血液的流动和氧气在体内的运输。

目前世界范围内报道了 1 300 余种海蜘蛛，它们广泛分布在世界各个海域，从潮间带到水深6 000余米的深海平原都有它们的足迹。不过，它们由于善于伪装而且分布零散，长久以来都鲜为人知。这些生物主要以固着生活的无脊椎动物（如海绵）为食。它们可以用身体前方的螯肢固定和切割猎物，再用看起来像个大鼻子的吻吮吸猎物的体液。它们有着十分有趣的生殖行为。与海马类似，雌性海蜘蛛产的卵会由雄性照看。雄性海蜘蛛会把卵粘在自己的身体或者附肢上随身携带，直到孵化，也算是尽职尽责的好爸爸了。

浅海生活的海蜘蛛大多体形娇小，通常不会比陆地上的蜘蛛更大，而在南极海底生活的海蜘蛛却有着异常巨大的体形，这被认为是一种极地环境下的适应机制。例如巨吻海蜘蛛属（*Colossendeis*）的物种，它们的足展可以达到70厘米。如此庞大的体形也意味着更沉重的负担。为了获取足够的氧气，在极地生活的巨型海蜘蛛体表有着更大的气孔。科学家甚至将它们多孔的躯体形容为“瑞士奶酪”。这些气孔随着体形的增大而增大，极大地提高了氧气的获取效率，足以供给这副庞大的身躯。

巨吻海蜘蛛

软体动物

翁戎螺

翁戎螺是现存较为古老的腹足类动物之一。它们的祖先在上寒武纪就出现在地球上，在古生代最为辉煌，达到了多样性的巅峰。在古生代和中生代，翁戎螺曾经遍布全世界的浅海并且占据优势地位。然而，在随之而来的白垩纪大灭绝事件中，翁戎螺大家族受到了重创，多数类群从此走向灭亡，只有翁戎螺科（Pleurotomariidae）一个科幸存了下来。不过，这些翁戎螺幸存者早已经失去了对大片浅海生境的“统治权”。现生的翁戎螺全部被局限在较深的海域中。早年人们虽已发现翁戎螺的化石，却从未见过其活体，一度认为这些物种均已经灭绝。直到1958年人们才第一次发现了活着的翁戎螺。目前为止，现存的翁戎螺在全球范围内仅报道了30余种。现生的翁戎螺仅存在于温带到热带，它们主要沿着构造板块的边缘分布，大多数生活在水深150 ~ 300米的海底。

红翁戎螺

龙宫翁戎螺

作为罕见的大型螺类，翁戎螺有着美丽绝伦的螺旋锥状壳，壳的表面具有复杂的刻痕，如同被艺术家精心雕琢而成。这个类群有一个明显的鉴别特征，那就是在它们壳口处都有一道裂缝。这条裂缝会沿着壳向上盘旋一段距离，是它们用于呼吸和排泄的通道。它们的壳一直以来都是收藏家的挚爱。著名的龙宫翁戎螺（*Entemnotrochus rumphii*）一度被视为收藏界的珍宝。

翁戎螺有着独特的饮食习惯，它们几乎只以海绵为食。特化的刷状齿舌或许可以帮助它们更好地应对海绵的骨针。不过，也有人观察到它们进食海百合和八放珊瑚。

精致翁戎螺（*Bayerotrochus delicatus*）是近来报道的一个翁戎螺新种，由我国科学家发现于西太平洋马里亚纳海沟南部的雅浦海山区。当时，它正爬行于距海面 255.3 ~ 289 米的海山山顶。这个物种的壳的表面具有美丽的雕纹，因此得名精致翁戎螺。该物种是第一个由我国科学家命名的翁戎螺，也是第 33 个被发现的现生翁戎螺物种。

精致翁戎螺

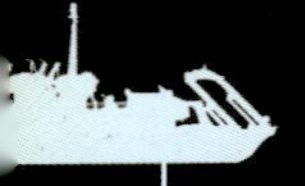

裸海蝶

裸海蝶（*Clione limacina*）隶属于腹足纲（Gastropoda）的翼足目（Pteropoda）。它们不像腹足纲大多数的螺类那样背着沉重的壳，而是通体柔软透明。抛弃了壳的裸海蝶换来了更大的灵活性。在它们裸露的身体两侧生着一对形似翅膀的翼足。裸海蝶可以像鸟儿那样挥动着“双翼”，在海中翩然“翱翔”。它们不过数厘米长。鉴于其精致的外形和可爱的泳姿，裸海蝶被人们冠以“海天使”的美称。这种美丽的生物在海洋表层到海洋中层水深 500 米左右的范围内营浮游生活。它们偏爱极地冰冷的海水。在北半球，裸海蝶广泛地分布于北冰洋以及太平洋和大西洋的亚北极海域；在南半球则生活着一个分布于南极海域的独立亚种——南极裸海蝶（*Clione limacina antarctica*）。裸海蝶于春、夏季节繁殖。它们雌雄同体，却不能自体受精，必须和同类进行交配才能繁殖后代。交配时，两只裸海蝶结合在一起，互相为对方体内的卵子授精。

裸海蝶

令人意想不到的是，这种形如天使的软体动物其实是高度特化的“猎人”，它们几乎只以螔螺属（*Limacina*）的物种为食。螔螺是另一类翼足目的浮游软体动物，算是裸海蝶的“亲戚”。螔螺同样有着类似翅膀的翼足。与裸海蝶不同的是，它们依然保留着一个类似蜗牛壳的外壳。与其优雅的泳姿形成鲜明对比的是，捕食状态的裸海蝶相当“狰狞”。裸海蝶的口内具有 3 对口锥，形状类似触手。接近螔螺之后，裸海蝶会以极快的速度将口锥从口中翻出，这个过程只需要 60 ~ 90 毫秒。一旦接触到猎物，口锥就会立即将其包住。口锥表面分泌的黏性物质会粘在螔螺的壳上防止其逃跑。在这之后，裸海蝶会毫不客气地用齿舌将螔螺的肉从壳口剜出来吃掉。这真是一出“天使”变“野兽”的大戏。

特化的饮食习惯与捕猎方式让裸海蝶成为高效的猎手，但同时也带来了明显的问题：一旦螔螺这种猎物资源短缺，裸海蝶必然要面临饥饿的威胁。裸海蝶具有多重对策以适应长时间的食物短缺。长期未进食的裸海蝶会缩小自己的体形，将新陈代谢降到一个很低的水平并且极为缓慢地消耗脂肪，最大限度地节省能量支出。此外，它们会优先消耗体内不重要的物质以提高自己的生存概率。这些适应机制让它们可以忍受将近一年的饥饿而依然存活。

虽然是猎食者，但是作为浮游动物，裸海蝶同时也是许多鲸类和鱼类的重要“口粮”，在生态系统中有重要的作用。

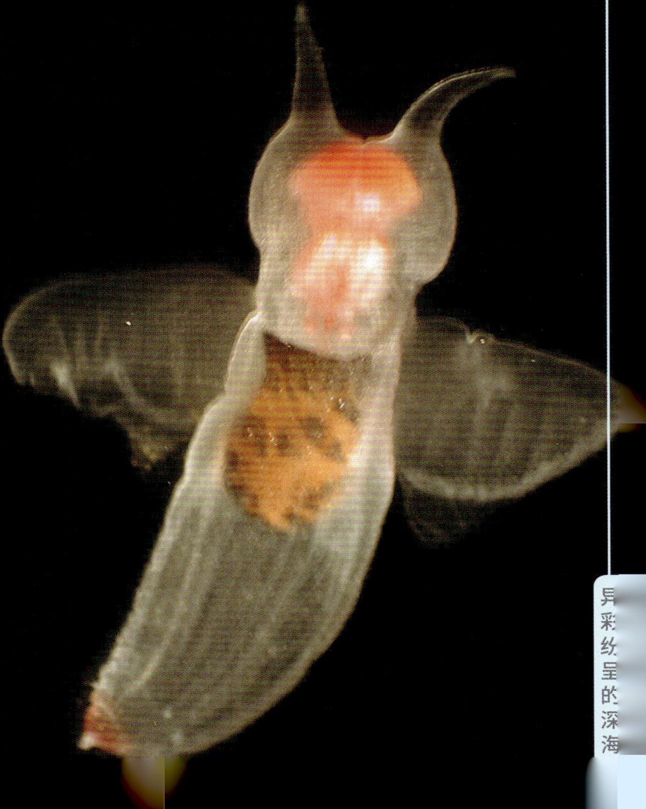

鳞角腹足蜗牛

鳞角腹足蜗牛（*Chrysomallon squamiferum*）生活在印度洋水深2 460 ~ 2 780米的3个热液喷口附近，它们是后生动物中唯一利用铁元素构建自身骨骼的生物。鳞角腹足蜗牛的壳分为3层：最里面是坚硬的霰石层，主要成分是碳酸钙，呈现出乳白色；中间一层是由蛋白质组成的角质层；有趣的是在这两层之外，

鳞角腹足蜗牛

通常还覆盖有一层黑色的金属层，由铁的硫化物构成，包括硫化亚铁和四硫化三铁。特殊的三层结构让它们的螺壳有很高的硬度，可以承受大多数软体动物无法承受的挤压，这也许能帮助它们从蟹类等甲壳动物掠食者的螯足中幸运逃生。此外，在它们的腹足侧面排列着大量长而卷曲的骨片，这些骨片同样有不同程度的金属化。骨片的核心是覆盖着角质层的上皮组织，

外面包裹着铁的硫化物。由于四硫化三铁的存在，它们的壳和鳞片都具有一定的磁性。漆黑的鳞片和壳让鳞角腹足蜗牛看起来就像一只身披黑鳞的怪兽。然而，在那个叫 Solitaire 的热液喷口生活的鳞角腹足蜗牛并没有在体表形成黑色的金属层。失去黑色“铠甲”的鳞角腹足蜗牛的壳和鳞呈现白色至褐色。

关于这一金属层是如何产生的，目前学术界还有一些争论。有观点认为鳞角腹足蜗牛自力更生，利用热液喷口喷出的铁和硫化物制造了这身“铠甲”；但也有观点认为这一金属层的形成和共生菌有关。由于其中富集了大量硫化物，鳞角腹足蜗牛也许通过这种方式将体内硫化物进行沉淀以达到解毒的目的。有了这身“铠甲”的保护，它们可以更好地生活在距离热液喷口很近的位置。

鳞角腹足蜗牛的饮食几乎完全由体内的共生菌“料理”。这些共生菌被“安置”在巨大的食道腺中，可以通过化能合成作用给宿主提供食物。为了更好地“照顾”这些为其提供食物的“伙伴”，鳞角腹足蜗牛还有着功能强大的、复杂的循环系统。它们心脏的体积占到了身体总体积的 4%。这颗超过常规需求的巨大心脏可能是为了源源不断地为食道腺中的共生菌提供充足的氧气和硫化氢。

这一物种早在 2001 年就被科学家发现，但直到 2015 年才有了正式名称。它们的属名来自希腊文，意为“身披黄

鳞角腹足蜗牛的外壳示意图

金毛发的”，暗指出现在它们体表金属层中的二硫化亚铁。二硫化亚铁是黄铁矿的主要成分，而黄铁矿因酷似黄金的外表也被称为“愚人金”。种加词则来自拉丁文，意为“具有鳞片的”。这一学名可算道出了其鲜明的特点。

由于热液喷口特殊的地质活动，在其周围很可能存在大量的锰、铜等矿物资源。鳞角腹足蜗牛所生活的 3 个热液喷口也不例外。曾有为数众多的矿业公司申请对这些热液喷口进行勘探和开采。察觉到这股热潮后，世界自然保护联盟于 2019 年 7 月 18 日将这一物种列入《世界自然保护联盟濒危物种红色名录》。鳞角腹足蜗牛被世界自然保护联盟评估为濒危物种。这一行为是为了向决策者警示深海采矿可能对生物多样性造成的影响，该物种也成为全球第一个因深海矿业而被列入该名录的深海物种。它们虽然能在热液喷口这样的极端环境中生活，却极易受到深海采矿的伤害。即使是一次勘探性质的开采也可能导致热液喷口被破坏，造成它们栖息地的丧失，而扬起漫天的沉积物会使它们窒息而亡。

深海偏顶蛤

厚壳贻贝（*Mytilus unguiculatus*）

深海偏顶蛤科（Bathymodiolinae）的物种是化能生态系统中的优势生物。到目前为止，科学家已经在全球发现了 59 种现存的深海偏顶蛤，它们大多生活在水深 200 ~ 3 600 米的海底冷泉和热液喷口附近。这些深海软体动物中较大的物种壳长可以达到 40 厘米，较小的物种壳长只有 3 厘米左右。和浅海的“亲戚”——贻贝一样，它们也会分泌坚韧的足丝将自己固定在岩石或者其他坚硬的底质上。在化能生态系统中，深海

深海偏顶蛤 *Gigantidas childressi*

冷泉区的深海偏顶蛤和管虫

偏顶蛤扮演着开拓者和工程师的重要角色。它们可以形成生物量庞大的贻贝床。这些坚硬的双壳软体动物相互交叠在一起，组成坚实的基底，为虾、蟹等诸多生物提供赖以生存的栖息地。从荒芜的海底沙漠到生机勃勃的海底绿洲，它们发挥了至关重要的作用。

在不依赖阳光的化能生态系统中，深海偏顶蛤与化能自养细菌形成了独特的共生关系。深海偏顶蛤有着格外膨大的鳃，在它们的鳃上皮细胞中生活着许多共生菌，其中大多是硫氧化菌或者甲烷氧化菌。这些化能自养细菌可以利用海底冷泉或热液喷口附近丰富的还原态化合物作为电子供体，通过氧化还原反应产生能量，为自己和宿主合成生命活动所必需的有机物。深海偏顶蛤的大多数食物来源均仰仗于共生菌的化能合成渠道，但它们依然保留着从海水中直接

平额深海偏顶蛤

摄取有机物的滤食行为，以便应对环境的变化。

平额深海偏顶蛤（*Gigantidas platifrons*）是我国南海北部冷泉和冲绳海槽热液区的优势物种。它们的壳长接近12厘米，可以形成密集的群落。这些数量庞大的软体动物同时也是众多深海生物的食物来源。化能自养细菌不但养活了深海偏顶蛤，也通过它们间接地养活了深海中数不胜数的掠食者。以作为生产者的化能自养细菌为基础，生物通过共生和捕食等途径紧密地联系在一起，最终促成了化能生态系统繁荣的景象。

化能生态系统在海底的分布较为独立，不同的化能生态系统之间存在着巨大的空间阻隔，犹如座座孤岛。但是科学家却发现临近的深海偏顶蛤群体有较好的“连通性”。这种“连通性”意味着这些物种也许曾经历长途跋涉，完成从一个“孤岛”到另外一个“孤岛”的“旅程”，促进了种群的扩散。与其他软体动物相同，在固着之前，深海偏顶蛤要经历一个长达13个月的浮游幼虫阶段，可以随波逐流而行。但跨过荒芜而广阔的空间屏障进行远距离的迁移对于渺小的幼虫来说无疑是个巨大的挑战。同时，深海偏顶蛤的浮游幼虫也可以通过垂直迁移来到海洋表层摄食，并通过洋流漂到更远的地方。这些都有助于它们进行长途“旅行”。此外，也许还存在着尚未发现的化能生物群落作为它们“旅行”的中转站。但即便如此，关于深海偏顶蛤的远距离扩散过程的许多细节依然是未知的，有待进一步探索。

在南海冷泉区发现的深海偏顶蛤

在南海发现的伴溢蛤

鱿鱼和乌贼

鱿鱼和乌贼都隶属于头足纲（Cephalopoda）的十腕总目（Decapodiformes），它们的共同特点是有10条腕足。其中8条较短，形态相近。另有1对明显较长的腕足被称为触腕，这是它们的捕食器官。

大王乌贼

大王乌贼（*Architeuthis dux*）是世界上较大的无脊椎动物之一。庞大的体形和神秘的习性让其一度成为承载人类想象力的绝佳物种，也因此衍生出了诸多神话与文学作品。从北欧神话中可以轻松“肢解”渔船的北海巨妖，到洛夫克拉夫特小说里沉睡在海底的古神克苏鲁，这些艺术形象寄托了人们对未知的深海的遐想与恐惧。在它们身上，我们都能找到这种巨型头足纲动物的影子。

早年，人们对于大王乌贼的认识主要来源于抹香鲸胃内的残骸以及被冲上海滩的遗体，偶尔才能

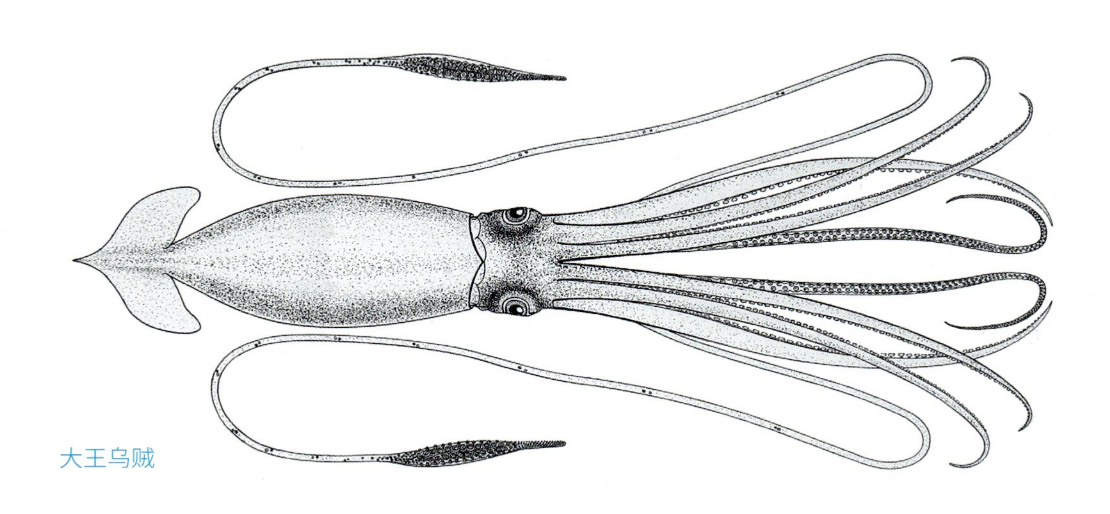
大王乌贼

遇到在渔业打捞过程中被捕获的新鲜个体。直到2004年，人们才第一次拍摄到大海里活着的大王乌贼。长期以来，人们对于这一物种的认知极为有限，对它们体形的估算一度成为满足好奇心最好的途径。但是不科学的测量方法曾经产生了极为夸张的数据。很多数据可能是将大王乌贼的触腕像拉皮筋那样故意拉长后测得的。此外，还有一些数据是根据抹香鲸胃内残留的喙以及体表被大王乌贼的吸盘黏附又撕扯后留下的疤痕进行推断而得的，而这种推断一般不严谨。例如，在抹香鲸幼年时留在体表的吸盘疤痕，是会随着抹香鲸的长大等比例放大的，如此得来的数据显然有失客观。再加之主观上大王乌贼很容易与传说中的海怪形象相混淆，关于它们的体形，一直以来众说纷纭。有些说

1954 年 10 月 2 日在挪威特隆赫姆发现的一只大王乌贼

美国耶鲁大学皮博迪自然历史博物馆里的大王乌贼模型

小贴士

鱿鱼、乌贼和章鱼

鱿鱼的胴部呈圆筒状，较为细长，末端呈红缨枪的枪尖样；有 10 条腕；体内有角质片。乌贼的胴部呈袋状，有 10 条腕；体内有内骨骼。章鱼的胴部为球形，有 8 条腕，没有内骨骼，只有角质喙。

法甚至声称它们的体长可以超过 50 米，与抹香鲸搏斗都不落下风。实际上目前发现的最大的标本全长只有 13 米，体重 275 千克。除去那对奇长的触腕，身体的长度仅为 2.25 米，而雄性的体形较雌性更小。这样的体形在重达数十吨的成年抹香鲸面前就是一根面条，根本没有抗衡之力。目前没有任何证据表明大王乌贼的体长可以超过 20 米。

在全世界曾经有 20 多种大王乌贼属的物种被描述，不过这其中有些物种的描述仅仅基于一个喙、一条腕足甚至是一个吸盘，而没有完整的标本作为支持。根据最新的研究结果，目前人类已知的所有大王乌贼标本均属于同一个物种——*Architeuthis dux*。这个物种分布广泛，可能主要在 300 米以深的水层活动。从已有的证据来看，大王乌贼是海洋里活跃的掠食者，捕食鱼类和其他头足纲动物。它们的吸盘具有带齿的环，可以牢牢地抓住猎物。同时，它们也是抹香鲸的主要食物来源之一。另外，领航鲸、分布在深海的睡鲨等偶尔也捕食大王乌贼。鉴于它们能够养活庞大的鲸群，它们在海洋中的数量可能远比人们想象的庞大。目前大王乌贼依旧是地球上神秘的生物之一，关于它们生活的许多细节我们依然所知甚少，对于深远海的探索会帮助我们更好地认识它们。

美国自然历史博物馆展示的大王乌贼与抹香鲸搏斗的图画

大王酸浆鱿（*Mesonychoteuthis hamiltoni*）是另一种体形巨大的头足纲生物，人们经常将它与大王乌贼相提并论。与大王乌贼类似，早年对于大王酸浆鱿的记述也是来自抹香鲸胃内容物中的残骸。但由于大王酸浆鱿更为常见，人们现在对于它们的了解远比对大王乌贼的详细。科学家对于这个物种的研究已经比较充分。

大王酸浆鱿的喙

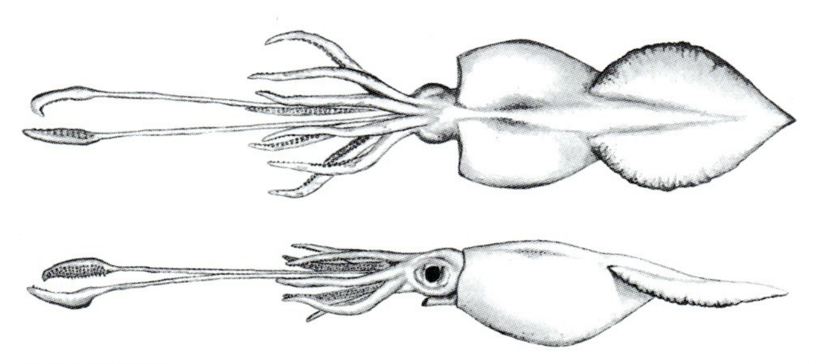
大王酸浆鱿

大王酸浆鱿没有大王乌贼那么长的触腕，但胴体所占的比例更大，也更为粗壮。目前记录到的大王酸浆鱿的最大全长为 5.4 米。除去触腕，最大体长 2.5 米。其最大重量达到 495 千克，远比大王乌贼重。它们才是世界上最重的头足纲动物。在最大的大王酸浆鱿完整标本中，喙的尺寸达到了 42.5 毫米。然而，人们曾经在抹香鲸的胃中找到过 49 毫米长的喙。这也说明这个物种还可以长得更大，也许能达到六七百千克。

大王酸浆鱿主要分布在南大洋，生活水深可以达到 2 000 米。它们的垂直分布似乎与年龄有关。年轻的大王酸浆鱿生活在较浅的水层中。在 1 000 米以浅，幼年的大王酸浆鱿很常见。

由于新陈代谢速率较慢，它们可能是一种伏击型的掠食者，主要捕食鱼类，如莫氏犬牙南极鱼（*Dissostichus mawsoni*）。大王酸浆鱿的吸盘上具有锋利的钩子，能够造成可怕的划伤。但是即便这样，它们在“头足类之友”抹香鲸的面前依然不堪一击。抹香鲸每年能吃掉约 900 万吨的大王酸浆鱿。大王酸浆鱿有着动物界最大的眼睛，眼球的直径为 250 ~ 400 毫米，比所有其他动物的眼睛都大了不少。要知道，

莫氏犬牙南极鱼

大王酸浆鱿（上）和大王乌贼（下）的触腕

蒂帕帕国家博物馆展示的大王酸浆鱿标本

蓝鲸的眼睛也只有 109 毫米。这种巨大的眼睛为大王酸浆鱿带来更加广阔的视角和强大的夜视能力，可以帮助它们提早发现来势汹汹的抹香鲸。巨大的抹香鲸在游动时会不可避免地惊扰周围的浮游动物，造成生物发光现象。尽管抹香鲸能凭着自己探测范围可达几百米的声呐发现远处的大王酸浆鱿，但大王酸浆鱿可以借助浮游生物发出的光以及微弱的天光早早地发现天敌，尽快做出回避反应。

异帆乌贼（*Histioteuthis heteropsis*）隶属于帆乌贼科（Histioteuthidae）异帆乌贼属（*Histioteuthis*），这个科的学名来自希腊语中“帆”和“乌贼”的结合，用于形容该科的某些生物在 5 对腕足中的 3 对之间具有帆状的膜。异帆乌贼属目前包含 15 个物种，分布在水深 200 ~ 1 000 米的海洋中层。

异帆乌贼最不寻常的地方在于其不对称的双眼。它们的左眼明显比右眼大，直径可以达到右眼的两倍多。巨大的左眼向外突出，呈现短管状；晶状体往往有着黄色的色素沉着，好像一枚黄色的滤镜。较小的右眼形态正常，为典型的

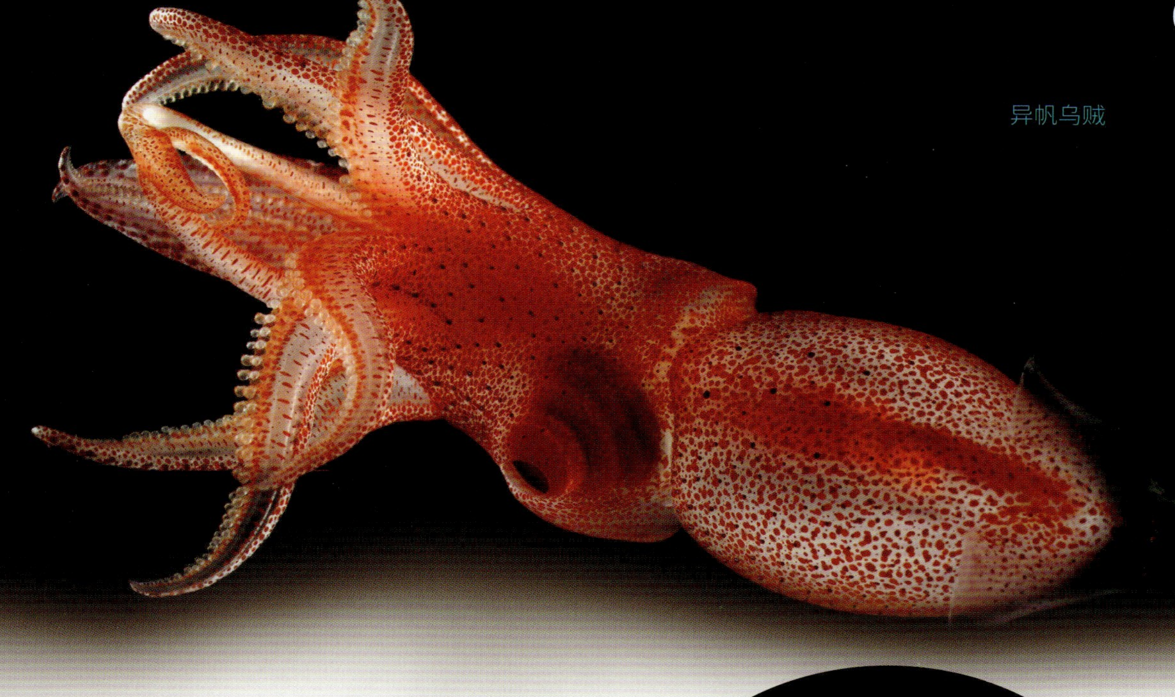
异帆乌贼

半球状；晶状体通常没有色素沉着。和比目鱼类似，异帆乌贼眼睛的不对称现象也是在个体发育的过程中逐渐显现出来的。它们的幼体有着对称的双眼，两只眼睛都呈半球状，和其他乌贼没有明显区别。在发育的过程中，左眼会变得越来越大，以至于将整个头部都推离了身体的中轴。

异帆乌贼的黑白照

这一大一小两只眼睛有着不同的功能，它们各司其职。较大的左眼负责观察上方，它可以更敏感地感知从海面漏下来的些许阳光，以及上方猎物造成的阴影。有些生物会利用反光照手段进行伪装，即通过腹面发出微弱的生物光消除自己产生的阴影，而黄色的“滤镜”有助于锐化猎物与背景在视觉上的差异，帮助异帆乌贼看破这种狡猾的伪装。

较小的那只右眼有着更大的视野，负责观察下方的深渊。它对黑暗中生物发光造成的亮点更为敏感，可帮助异帆乌贼发现来自下方的猎物或者危险。

在海洋中，异帆乌贼会调整自己的姿态，以头部向下、尾部向上的姿势倾斜地停留在水中，两只眼睛分别以倾斜的角度朝向上方和下方。它们本身也是反光照伪装的“大师”，在腹部排列的发光器会发出微弱的生物光以达到隐身的效果。

旋壳乌贼

旋壳乌贼（*Spirula spirula*）是旋壳乌贼目（Spirulida）唯一的现存物种，是一种小型的深海乌贼，体长通常只有 35 ~ 45 毫米。旋壳乌贼最有趣的一点在于它们体内有一个羊角状的平旋内壳。这个内壳外观上类似鹦鹉螺的外壳，坚硬而且高度钙化，内部被分为很多个气室。内壳的主要作用是调节浮力，类似于鱼的鳔。

由于没有商业价值，再加上个体微小，活的旋壳乌贼极少被发现，但这并不代表它们数量稀少。在热带海滩上经常可以捡到它们螺旋状的内壳。当旋壳乌贼死亡，肉体腐烂后，这些具有浮力的内壳可以被洋流运到很远的地方。旋壳乌贼广泛地分布在全世界的热带和亚热带海域中，有垂直迁移行为。它们白天生活在水深 1 000 米左右的深海，晚上则会上浮到水深 100 ~ 300 米的海域。它们通常保持着头下尾上的姿势，悬浮在海水中。在它们尾部的末端，两片用于游泳的鳍之间有一个发光器，可以发出绿色的生物光。

巨鳍乌贼属（*Magnapinna*）是深海颇为神秘的头足纲动物类群之一。这类生物的外套腔后方长着巨大的鳍，其大小往往超过外套腔本身的尺寸。目前巨鳍乌贼属一共报道了 4 个物种，其中一个来自北太平洋，两个来自北大西洋，还一个未命名种的标本采集自南大西洋。较大的地理跨度暗示着它们可能也是一种全球性广布的深海生物。遗憾的是，到目前为止人类从未捉到过成体的巨鳍乌贼，对这类生物的了解全部来自幼体和亚成体。

不过，许多科学家认为在深海拍摄到的一些诡异的头足纲动物很可能就是巨鳍乌贼的成体，这些生物在世界各地水深 2 000 ~ 4 500 米的深海中被发现。它们以头下尾上的姿势悬停在沉积物的表面，有着与巨鳍乌贼幼体类似的鳍。但和幼体不同的是，它们长着 10 条形态极其怪异的腕足。这些腕足奇长无比，长度可达体长的 15 ~ 20 倍。包含腕足在内，这些生物的全长可以达到 8 米。这 10 条腕足形态都一样，没有特化的触腕。腕足的基部较粗而且几乎与身体垂直，但是向末端延伸一小段距离之后就突然出现了一个类似肘关节的拐点，让它们的腕足几乎以 90 度弯折，以与身体几乎平行的方式拖在头部的下方，有时一直垂落到沉积物表面。这让它们看起来就像是一个扣在海底的怪异鸟笼。

对于这些生物的生活习性，我们几乎一无所知。根据推测，它们可能会用这种倒立的方式在海底沉积物上一路拖拽自己细长的腕足，用腕足的末梢捕捉沉积物中的小型生物为食；或者它们本身悬停在海水中，伸长腕足等待猎物自己撞上来。

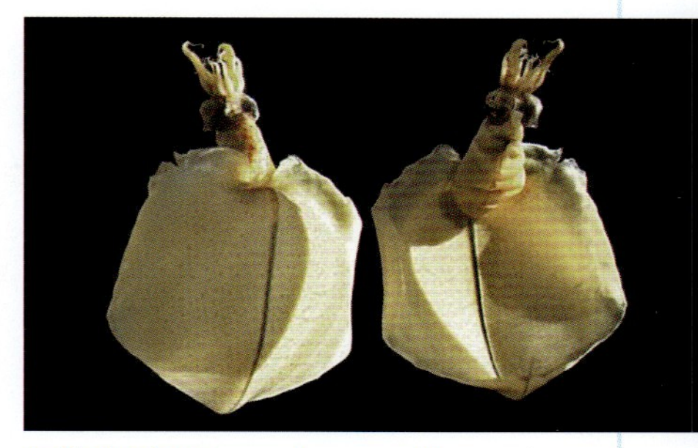

巨鳍乌贼 *Magnapinna pacifica*

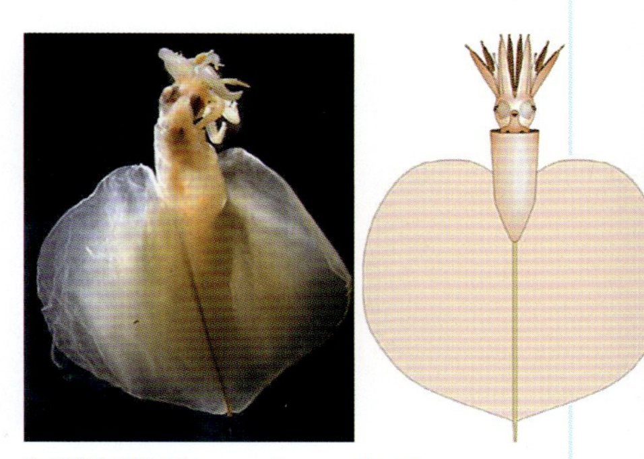

巨鳍乌贼 *Magnapinna atlantica*

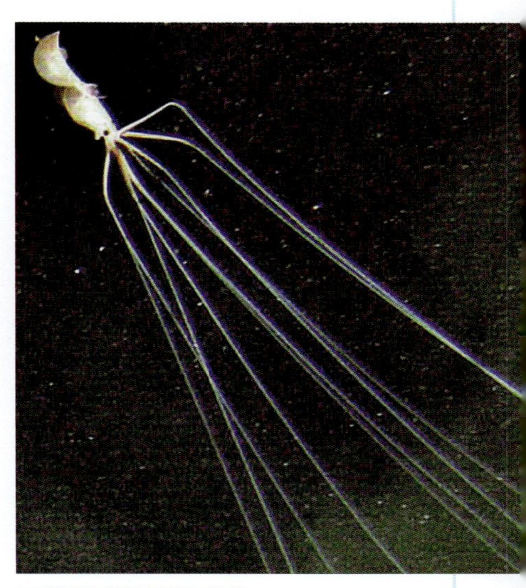

巨鳍乌贼的疑似成体

章鱼和幽灵蛸

八腕目（Octopoda）动物，顾名思义是有着 8 条腕足的头足纲动物，也就是广义上的“八爪鱼”。与十腕总目的乌贼和鱿鱼相比，它们少了那对用于捕食的细长触腕。八腕目包括有须亚目（Cirrana）和无须亚目（Incirrata）。无须亚目囊括我们熟知的大多数章鱼。这些章鱼有些生活在浅海，有些生活在深海。有须亚目章鱼则几乎只分布在深海，它们的名字来源于腕足吸盘两侧成对生长的软须。这些软须可能起到了辅助进食的作用，它们可以制造水流帮助食物向腕足中央的口器运输。除此之外，有须亚目章鱼的身体两侧具有用于辅助游泳的鳍，体内有供鳍运动所需肌肉附着的内壳。它们的体内

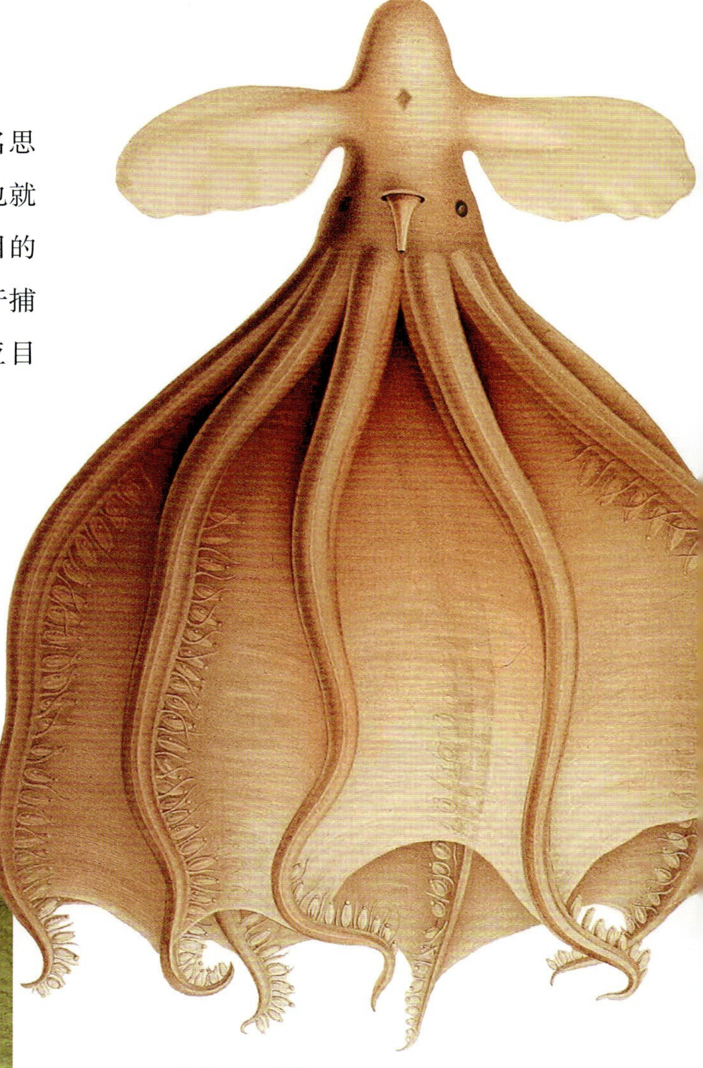

有须亚目章鱼 *Cirrothauma murrayi*

深海章鱼 *Opisthoteuthis californiana*

没有墨囊。在本就漆黑的海底，这似乎是一件自然而然的事情。这些都与常见的无须亚目章鱼不同。

烟灰蛸属（*Grimpoteuthis*）隶属于有须亚目面蛸科（Opisthoteuthidae）。该属成员有着令人惊叹的可爱外貌。它们的胴体呈半球形，有很大的 U 形内壳，腕足之间具有发达的蹼。烟灰蛸的眼睛的上方长着一对卵圆形的鳍，好像一对耳朵。在游泳的时候，这对“耳朵”会像扇子那样呼扇。这样的形象让人很容易联想到迪士尼动画中的角色“小飞象”。因此，烟灰蛸也被叫作“小飞象章鱼”。

烟灰蛸

人类对烟灰蛸的了解非常有限。它们的样品稀少，且身体为凝胶状，极易在采集的过程中破碎和变形。这些都为其分类学研究带来了困难。目前烟灰蛸属有 14 个物种。它们在世界范围内广泛分布，生活在水深 500 ~ 7 500 米的海底，是分布较深的八腕目动物之一。

烟灰蛸主要捕食海底的小型甲壳动物和多毛纲动物。它们可以像多数章鱼那样依靠喷水或者伞状腕足的运动进行推进式的游泳，鳍的主要作用可能是调节方向和保持平衡。

十字蛸 *Stauroteuthis syrtensis*

十字蛸属（*Stauroteuthis*）也隶属于有须亚目，这是少数具有生物发光现象的八腕目类群之一。它们的腕足上口面上的吸盘特化为发光器官，失去了吸附的能力。这些发光器官排成一列，位于成对的软须之间。每条腕足上大约有 40 个发光器官，基部的发光器官排列较为稀疏，越向尖端排列越密集。这些发光器官呈乳头状，镶嵌在腕足的结缔组织中，可以忽明忽暗地协调发光，达到一种异步循环的闪烁效果。这类生物发光的主要目的可能是吸引潜在的猎物。十字蛸主要以小型的浮游甲壳动物为食。它们可以用口腔中的腺体制造一种黏液网来困住浮游动物，并在软须的辅助下进食。腕足上的发光器官能够吸引和迷惑猎物，将它们引入口中。

异夫蛸（*Haliphron atlanticus*）是无须亚目异夫蛸科（Alloposidae）唯一的物种，也是八腕目体形较大的物种之一。根据在新西兰海域发现的不完整标本估计，它们全长可以达到 4 米，体重可达 75 千克。这个物种向来行踪隐秘，只有在大西洋和南太平洋有过零星的记录。它们可能在热带到亚热带海域广泛分

异夫蛸

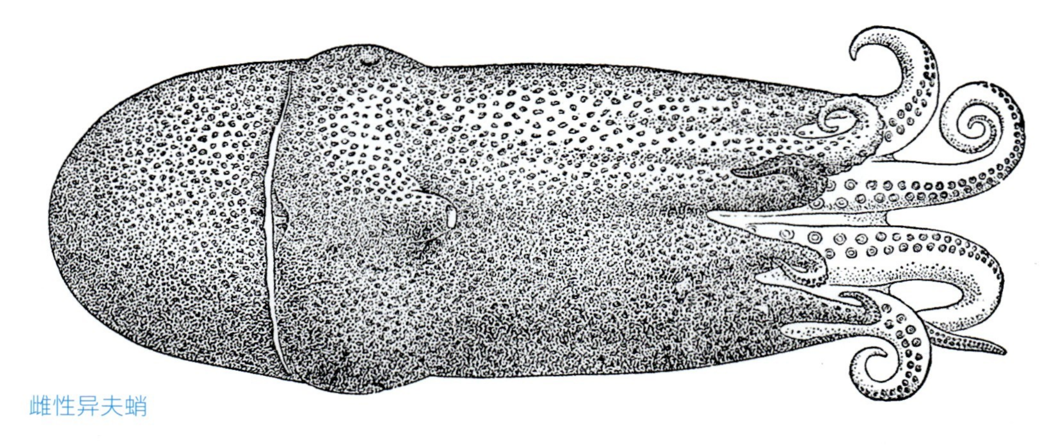

雌性异夫蛸

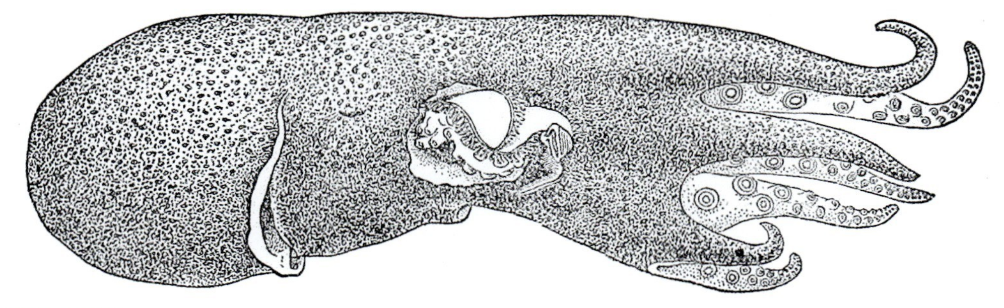

雄性异夫蛸

布，是一种生活在远洋深海的章鱼。其生活的范围从海洋中层一直扩展到水深 3 000 余米的海域。一般认为异夫蛸的成体居住在深海；而幼体生活在较浅的地方，会在成长的过程中不断下潜。异夫蛸的身体呈柔软而光滑的凝胶状。在幼年时期，它们腕足很短，看起来像是一只小陶罐。随着个体的成长，腕足的比例会越来越大。虽然和所有章鱼一样有 8 条腕足，但雄性异夫蛸的整条交接腕都卷曲在右眼附近的一个袋子里，从外表上难以被观察到。因此，异夫蛸也被称为“七腕蛸”。

异夫蛸的卵

异夫蛸主要以水母等胶质浮游生物为食。近些年一些在浅海拍摄到的异夫蛸幼体照片表明，除了摄食与被摄食，异夫蛸与水母可能还有着更为“亲密”的关系。有时异夫蛸的幼体会将水母长时间地固定在自己的腕足之间而不急于吃掉，可能是利用水母有毒的刺细胞进行防御。类似的行为也在它们的“亲戚”船蛸（*Argonauta*）身上发现过。

幽灵蛸（*Vampyroteuthis infernalis*）是一种不同于章鱼、乌贼或者鱿鱼的深海头足纲动物，在分类学上隶属于一个独立的目——幽灵蛸目（Vampyromorpha），也是该分类单元唯一的现存物种。在早年的描述中，幽灵蛸被形容为异常恐怖的小怪物：“它有着黑夜般的体表，象牙般苍白的喙，和血红的眼睛（其实有时候是蓝色的）。”这样的形象很容易让人联想到西方传说中的吸血鬼。幽灵蛸拉丁文名的本意就是“来自地狱的吸血鬼乌贼”。最初幽灵蛸被认为是一种隶属于八腕目的深海章鱼，因为它们显然有 4 对腕足而不是 5 对。幽灵蛸的形态的确很像有须亚目的深海章鱼，但二者也有所不同。有须亚目的深海章鱼都有着一对耳状的鳍，以及排列着软须和吸盘的腕足；而幽灵蛸的吸盘只分布在腕足末端，软须却分布在整条腕足上。幽灵蛸有着动物界中占身体比例最大的眼睛。它们眼球的直径能达到 2.5 厘米，和成年犬的眼睛差不多大，而它们的体长只有 15 厘米左右。随后人们发现，除了 8 条腕足之外，幽灵蛸还拥有一对

幽灵蛸

特殊的细丝状结构，称触丝（tactile velar filament）。平时这对触丝被藏在两条腕足连接处的一个小口袋里，是它们重要的摄食器官。这对触丝很可能与鱿鱼、乌贼的触腕是同源的，而章鱼没有这样一对特化的触腕。据此它们被认为应该从八腕目中分出来，“自立门户”，成

为一个独立的类群。幽灵蛸的形态与一些生活在侏罗纪到白垩纪时期的化石头足纲生物相似，这暗示着它们可能是一种十分古老的生物，在深海特殊的环境中逃离了灭绝的命运繁衍了下来。现代系统发育的观点认为幽灵蛸目是八腕目的姊妹群，二者共同组成八腕总目。

幽灵蛸在全球的温带和热带海洋广泛分布，生活在水深 600 ~ 800 米的低氧水层。这里的氧饱和度很低，不适合大部分生物生存。幽灵蛸有着头足纲动物中最低的新陈代谢速率。在运动方式上，它们主要通过身体两侧的鳍游泳而非喷射推进。不过，得益于精巧的身体构造，幽灵蛸的游泳速度并不慢。实际上它们相当灵活。此外这些“吸血鬼”体内流淌着非同一般的血液。幽灵蛸的血蓝蛋白有着很高的氧结合能力和运载能力，这些都有助于它们在极端缺氧的环境下生存。

除了呼吸，在深海生活必须要解决的另一个问题是“吃饭”问题。头足纲动物大多是捕食者，它们或主动出击，或伏击，猎取环境中生活的其他海洋动物为食。但在生物极其匮乏的深海，捉到“活物”并不容易。因此，幽灵蛸养成了十分特殊的“饮食习惯”。虽然有着“吸血鬼”之名，但是它们主要以海水中漂浮的有机碎屑为食。这些碎屑包括住囊动物的胶质残骸、浮游甲壳动物的尸体、硅藻，以及动物的蜕皮、粪便等。它们聚集成团，在水体中像雪花那样缓慢地下沉，形成了所谓的海雪。

幽灵蛸

幽灵蛸的腕足

幽灵蛸利用自己特化的触丝捕获这些漂浮的碎屑。它们会将这对伸缩性能极佳的触丝拉长。碎屑接触到触丝就被黏附于其上。这时，幽灵蛸立刻收回触丝。触丝经过腕足时，所捕获的碎屑就会被吸盘所分泌的黏液包裹，并沿着腕足间的膜向口器运输。这些碎屑最终在口器处汇聚成一个被黏液包裹着的食物球。幽灵蛸会把它一口吃掉。

幽灵蛸的体表布满发光器官，如同身披星辰。这些光点在捕食者眼里都是首要的攻击目标。对此幽灵蛸有着特殊的应对方式。遇到危险时，它们会将自己好似斗篷的足部进行翻转，用腕足之间发达的膜将自己包裹起来，遮住自身的光芒，只露出漆黑而布满软须的腕足内侧。腕足的末端会继续发光迷惑敌人，误导它们攻击这些可以再生的部位。如果遇到更加致命的威胁，幽灵蛸则会采取另外一种成本更高的防御策略。它们可以吐出大量持续发光的黏液分散敌人的注意力，自己趁机逃跑。

鹦鹉螺

鹦鹉螺是非常古老的头足类生物，它们所隶属的鹦鹉螺亚纲（Nautiloidea）早在寒武纪晚期就出现了。鹦鹉螺的祖先大多有着笔直的壳。在演化中，现在这些长着平旋状壳的鹦鹉螺逐渐出现了。它们的“亲戚”包括同属于鹦鹉螺亚纲的角石类，以及菊石亚纲（Ammonoidea）的菊石类，其中不乏远古时期的大型掠食者。但是现在这些生物早已灭绝，成为埋葬在岩层中的化石。相对年轻的鹦鹉螺科（Nautilidae）大约是在侏罗纪时分化出来的，曾经包括至少 7 个属，成员分布于全球的海洋中，而现存的鹦鹉螺只有五六个物种，归为 2 个属。关于鹦鹉螺物种的划分依然存在争议。它们是当今海洋中唯一一类真正意义上具有外壳的头足纲动物。从它们身上我们可以清晰地看出头足纲动物祖先的影子。在将近 5 亿年的时间里，它们的身体构造并未发生明显的改变，被称为“活化石”。

鹦鹉螺

鹦鹉螺

现存的鹦鹉螺主要分布在印度－太平洋的热带海域中，从海洋表层一直到

鹦鹉螺壳

水深七八百米的海域都有分布。它们的形态与其他头足纲动物截然不同。虽然它们也有腕，但这些腕的数量不是 8 条或者 10 条，而是 60 ~ 90 条。鹦鹉螺的腕横截面大致呈三角形，没有吸盘，但是在内侧分布着一些平行排列的脊。这些脊在接触到物体表面的时候会产生强大的吸附力。鹦鹉螺有时候会利用脊把自己固定在物体表面。这个时候强行把鹦鹉螺拽下来甚至会造成腕的断裂。在鹦鹉螺的眼睛前后各有一对特殊的腕。这两对腕表面密被纤毛，可能具有嗅觉作用。此外，鹦鹉螺的眼睛也较为原始，实际上只是一个球形的“水室”，外部具有一个小孔。鹦鹉螺只可以通过小孔成像看到模糊的影像。然而，大多数现生头足纲动物（如章鱼）的眼睛非常发达，几乎是所有无脊椎动物中最复杂的眼。它们的眼睛被称为“相机眼”，结构与我们的眼睛类似，能够看到非常清晰的图像。

鹦鹉螺的壳由一个容纳身体的住室和多个填充气体的气室组成，相邻的壳室由鞍形的隔片分隔，并由一条细管连通。最初鹦鹉螺的壳只有 4 个壳室。壳室的数量会在鹦鹉螺生长的过程中不断增加，达到 30 余个。鹦鹉螺可以通过调节住室内的水和气室内的气体来改变自身的浮力，在海里上浮或者下潜。很多著名的潜艇都以鹦鹉螺命名，例如，儒勒・凡尔纳的科幻小说《海底两万里》中尼莫船长

鹦鹉螺壳

驾驶的“鹦鹉螺”号，以及美国制造的世界上第一艘同名的核潜艇。鹦鹉螺的壳可真是大自然的杰作。壳的截面呈现出接近完美的对数螺线，也就是向经与切线的夹角永远不改变的螺线。对数螺线一度让数学家为之痴狂。瑞典著名的数学家雅各布·伯努利就曾醉心于对数螺线的研究。他发现对数螺线经过多种数学变换得到的依然是对数螺线。他由衷地赞叹这条螺线“纵然变化，依然故我”，并要求后人将对数螺线刻在自己的墓碑上。精妙的壳带给鹦鹉螺优美流畅的身形，却也引来了杀身之祸。世界各地都有人专门捕捉鹦鹉螺。一方面，它们优美的壳可以加工成鹦鹉螺杯等奢华的工艺品；另一方面，它们壳内的珍珠质也可以做成首饰。这种捕捞已经威胁到了鹦鹉螺的种群数量。目前鹦鹉螺科的所有现生物种均已被列入《濒危野生动植物种国际贸易公约》的附录Ⅱ中，在全世界的大多数地区进行鹦鹉螺有关的贸易都是违法的。我国也已经将鹦鹉螺列为国家一级重点保护野生动物。

鹦鹉螺属的拉丁文“Nautilus”意为“水手”。这个单词最初指向的生物并非鹦鹉螺而是船蛸（*Argonauta*）。船蛸归于八腕目，是章鱼大“家族”中的成员。雌性船蛸分泌有一个形状类似鹦鹉螺壳但要脆弱得多的外壳，因此也被称为“纸鹦鹉螺”。它们会携带这个壳漂流，并将卵产在里面。不过，这个壳只是船蛸的“财产”而非身体的一部分。产完卵后，雌性船艄就会将它抛弃。早先人们认为船蛸举起的两条腕足起到了帆的作用，于是船蛸便有了“水手”之称，后来这个单词成了鹦鹉螺的学名，而船蛸也得到了新的名字。船蛸的属名“Argonauta”这个词来自希腊神话中乘坐“阿尔戈号”去取金羊毛的那50位英雄，即阿尔戈英雄。

鹦鹉螺

棘皮动物

海星和海蛇尾

无论在浅海还是深海，海星纲（Asterozoa）都是底栖动物中的重要类群。正如它们的名字描绘的那样，这些动物身体大多呈五芒星状，有5条腕足。这5条腕足以辐射对称的方式排列在体盘上。当然，也有些海星拥有5条以上的腕足。比如，太阳海星的腕足可多达40条。在每条腕足的腹面有一条步带沟，步带沟中排列着大量管足。海星可以利用这些管足的摆动在海底缓慢地行进。海星大多是肉食动物，会主动捕食环境中的其他无脊椎动物。它们的口位于腹面。一些海星进食的时候胃会从口中翻出，将猎物包裹并消化。

陶氏太阳海星（*Solaster dawsoni*）
（来源：曾晓起）

在南海发现的海星

管足是海星最为重要的感觉器官，具有机械感受器和化学感受器的功能，使海星拥有触觉和嗅觉。因此，海星可以灵敏地感知外部环境，做出趋利避害的反应。令人惊讶的是，除此之外，海

棘冠海星

星还有着棘皮动物中最发达的光学感受器。在它们每条腕足的尖端都一个复眼，这个复眼由数百个小眼组成。小眼中容纳着为数众多的感光细胞。这种简陋的成像系统对于海星有着重要的意义。一些在浅海珊瑚礁区生活的海星，例如著名的棘冠海星（*Acanthaster planci*），主要依赖视觉来定位环境中珊瑚，这既是它们的食物来源，也是它们赖以附着的栖息地。

在最近的研究中，人们发现眼睛对深海的海星或许同样重要。与阳光明媚的浅海珊瑚礁区相比，深海的环境截然相反。在极度缺乏光线的情况下，在深海栖息的海星大多走向了两个极端：要么眼睛消失，要么眼睛极度发达。科学家对格陵兰海域的 13 种海星进行了研究（它们的分布水深从 41 米到 1 483 米不等），发现其中 12 种都有明显的眼睛，只有一个物种的眼睛在黑暗中彻底消失了。

有趣的是，其中一个物种 *Novodinia americana* 主要生活在水深超过 320 米、几乎完全无光的水层中，但它们的眼睛却相当发达。*Novodinia americana* 有着所有海星中分辨率最高的眼睛，这让它们

海星 *Novodinia* sp.

在南海冷泉区发现的海蛇尾

可以看到较为清晰的图像。此外，它们的整个体表可以发出蓝光，而且每次发光能够持续数秒钟。科学家推测，这种高分辨率的眼睛配合以较强的发光能力，暗示着这个物种可能通过生物发光进行某种层面的视觉交流，例如利用光来吸引配偶。对于神经系统较为简单的棘皮动物而言，如此复杂的行为是十分罕见的。

类似的发光现象在海星的“亲戚”海蛇尾中更加常见。这是一类形态上与海星接近的棘皮动物，但它们有着更加细长和灵活的腕足。这些腕足好像蛇的尾巴，这正是“海蛇尾”一名的由来。海蛇尾腕足中央没有步带沟，腕足和体盘之间有

分布在水深 2 000 米处的海蛇尾 *Gorgonocephalus eucnemis*

分布水深可达 450 米的海蛇尾 *Ophiothrix (Acanthophiothrix) suensoni*

着明显的分界。海蛇尾纲 Ophiuroidea 是现存棘皮动物中物种多样性最高的一个纲。这个“家族”的成员在全球海底广泛地分布。它们经常会在底栖生态系统中形成密集的群落。至少 66 种海蛇尾可以发出蓝绿色的冷光，它们在浅海和深海的类群中都有出现。海蛇尾纲也因此成为棘皮动物中生物发光现象最为普遍的一个纲。一般认为海蛇尾的发光现象主要是为了规避捕食者的进攻，类似于有毒生物的警戒色。这些会发光的海蛇尾味道通常很糟糕。它们通过展示发光的腕足或者分泌发光的黏液向捕食者声明自己并不好吃，让捕食者望而却步。

项链海星目（Brisingida）的物种在形态上与我们常见的五芒星状海星大不相同。在项链海星纤细的腕足上排列着梳齿一样相互平行的棘，这让它们看上去倒更像是海百合或者海蛇尾。不过这种类似只停留于表面，在分类学上它们依旧隶属于海星纲。细长的棘让项链海星看起来就像是一片雪花。它们也的确如同雪花般脆弱，在采样的过程中极易破碎。这给该类群的分类学研究带来了不少困难。项链海星广泛地分布于全球海洋，栖息水深为 100 ~ 5 600 米。许多项链海星是海底重要的滤食生物。它们通常将自己的体盘固定在海底，将带有栉状棘的细长腕足伸到水中过滤水流带来的有机碎屑。这种进食方式也和海百合不谋而合。精致长板海星（*Freyastera delicata*）和篮状长板海星（*Freyastera basketa*）是我国科学家发现的项链海星目的两个新种，标本由“蛟龙”号载人潜水器采集于西北太平洋的采薇海山和雅浦海山，分布水深超过 4 000 米。它们苍白的体表略带粉色，6 条纤细而脆弱的腕足上面排列着锐利的小刺。科学家观察到篮状长板海星在生活状态下将所有腕足向上举起，如同一个精心编制的花篮。

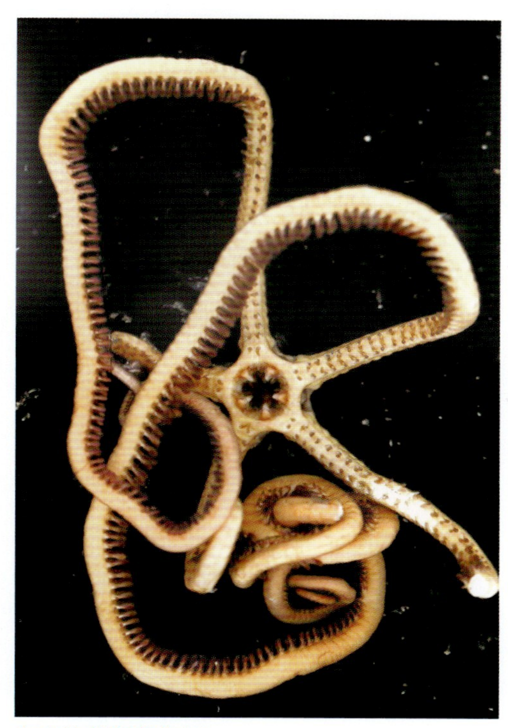

在南海发现的海星

在水深 4 500 米处发现的海星 *Freyastera* sp.

锰结核上的篮状长板海星
（来源：Zhang R Y 等）

海胆

作为一类在浅海和潮间带常见的底栖棘皮动物，海胆纲（Echinoidea）物种最让人印象深刻的无疑是其布满全身的棘和坚硬的外壳。它们的骨骼愈合在一起，形成一个球形、半球形、心形或盘状的壳，将所有内脏包裹起来，而在体表则密布有发达的棘。尖刺遍体的海胆像是一个没剥皮的板栗。除了尖刺状的棘外，海胆的体表通常还混杂着一些特化的棘。这些特化的棘较短而圆钝，被称为叉棘，其末端通常分为三叉，可以在肌肉的牵动下开合。这些叉棘对海胆意义非凡，相当于它们的"手"，可以帮助它们抵御外敌或者清理自己的体表。叉棘形态极为多样，是海胆分类的重要形态依据。海胆的口器长在腹面，肛门长在背面。它们有一个复杂而精致的咀嚼器用于进食。亚里士多

深海海胆 *Dermechinus horridus*

在南海发现的海胆

发现于水深 3 000 米处的海胆 *Tromikosoma* sp.

德将这个器官形容为一盏精巧的提灯。这一说法沿用至今。我们经常将海胆的咀嚼器称为“亚里士多德提灯”。它们的食物因种类而异，包括海藻和无脊椎动物。

头帕目（Cidaroida）的物种是一类较为原始的海胆，它们的化石在二叠纪就开始出现。大多数同期出现的海胆在中生代就灭绝了，但头帕海胆繁衍至今。头帕海胆保留了一些相对原始的特征，壳厚重而坚硬，间步带上分布着一些大而独立的疣。它们的主棘相较其他种类的海胆更为分散，也更大。在一些头帕海胆中，这些棘有着很奇怪的形状，有

在深海观察到的头帕海胆 *Calocidaris micans*

在南海发现的海胆

的形似钢笔。虽说在浅海也有分布，但是多数头帕海胆生活在较深的海域，其分布水深可以达到 1 000 余米。这些海胆精致的外壳经常被作为工艺品收藏。

和其他包裹着坚硬“铠甲”的海胆不同，柔海胆目（Echinothurioida）的物种并没有硬壳。它们的体表覆盖着许多轻薄的骨片，这些骨片之间由软组织相连。因此，它们摸上去就像皮革般柔软。除了印度－西太平洋的一些色彩艳丽的沿岸物种外，大多数柔海胆在水深 100 ～ 5 000 米的海底营爬行生活。它们生活的底质大多覆盖着柔软的沉积物。柔海胆腹面的棘的末端呈马蹄状，以便在这些柔软的沉积物表面行进。

发现于水深 600 米处的柔海胆

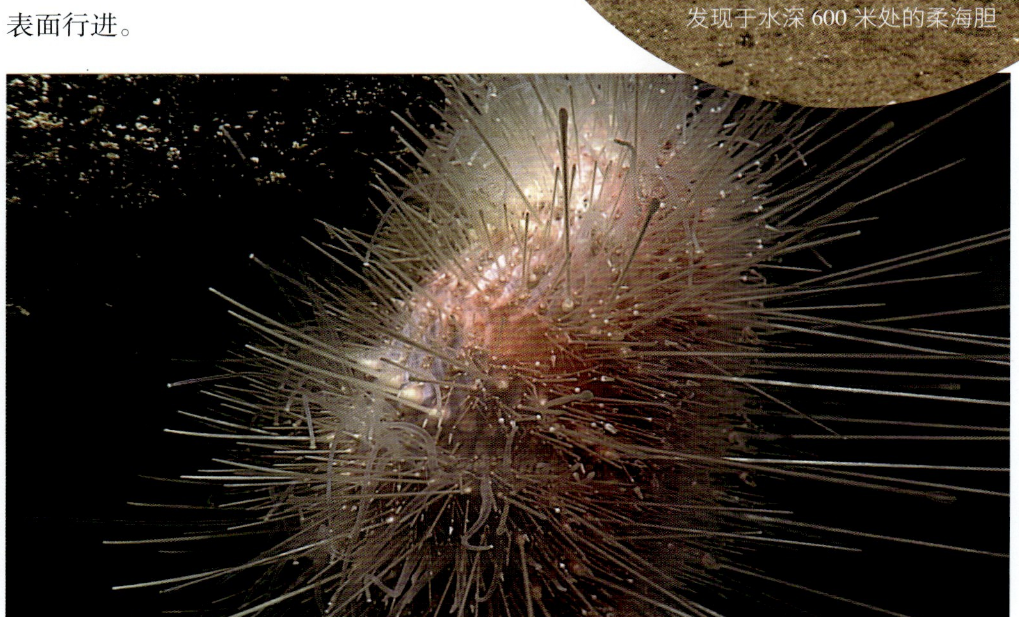

柔海胆

葫芦海胆科（Pourtalesiidae）隶属于不规则海胆亚纲（Euechinoidea）全星海胆目（Holasteroida）。它们是高度特化的深海海胆,大多数分布在1 000米以深海域。有些物种栖息的水深可以达到5 000米。葫芦海胆与常见的海胆不同，它们口器内没有被称为“亚里士多德提灯”的咀嚼器，体形也并非典型的辐射对称状，

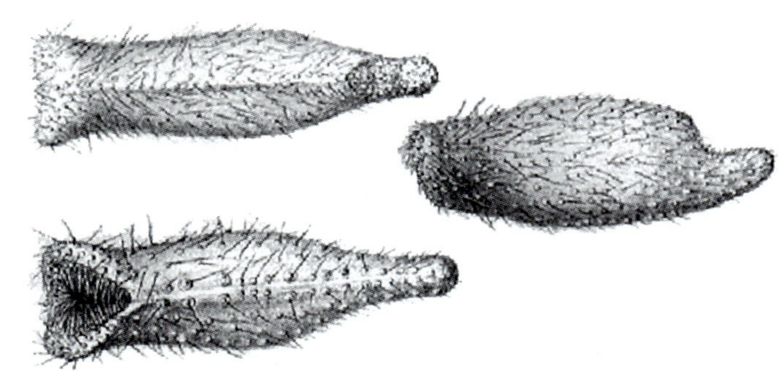

葫芦海胆科的物种
Echinosigra (Echinogutta) amphora

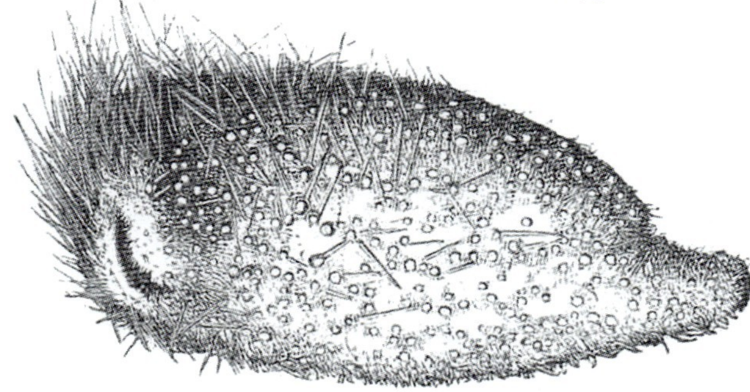

葫芦海胆科的物种 *Pourtalesia jeffreysi*

而是一些不规则的形状。某些类群，例如 *Echinosigra* 属的物种，在深海的泥沙中钻洞生活，以沉积物为食。为了适应钻洞，它们的体形发生了高度的特化，由辐射对称变为次生的两侧对称，口在前，肛门在后。这让它们看起来像是一条虫子。单从外观上实在很难将它们与海胆联系在一起。

海参

与辐射对称的海星和海胆不同，海参纲（Holothuroidea）物种的身体为次生的两侧对称，头在前，肛门在后，像是一只巨大的蠕虫。海参身体柔软，体壁富含胶质，背面常有一些肉刺状的疣足。它们没有海星和海胆那样发达的骨骼，而是在体表之下埋着一些细小的骨片。在显微镜下观察时可以看到这些骨片具有美丽的分支结构，这是海参形态分类的重要依据之一。

多数海参为底栖生物，利用腹部的管足爬行或者在沉积物中埋栖，以沉积物中的有机物为食。有些海参具有发达的枝状触手，可以从海水中过滤有机物，但它们通常行动能力较弱。

虽然在受到刺激时许多海参都可以扭动身体进行短距离的游泳以躲避危险，

发现于水深 2 000 ～ 3 000 米处的 Elasipodida 目海参

发现于水深 1 282 米处的海参 *Scotoplanes globosa*

蝶参科的物种 *Benthodytes* sp.

但是真正意义上可以在水中游动的海参只分布于深海，如平足目海参。这让它们成为最怪异的一类棘皮动物。

蝶参科（Psychropotidae）的物种在全世界的海洋中都有分布，从水深 1 000 米的海域一直到水深 7 000 余米的深渊中都可见它们的踪影。它们身体高度胶质化，含有大量的水，密度和海水相当。在它们身体的腹缘，许多管足融合在一起，形成了一圈类似裙摆的结构。依仗这圈“裙摆”，它们可以前后扭动身体在水层中游泳。虽然会游泳，但是成年蝶参大多数时间宁愿停留在海底。游泳对于它们来说更多时候是一种应急手段，主要用于躲避捕食者或者进行短距离的迁移，但它们不会离开海底太远。然而，蝶参的幼体曾在距离海底

蝶参科的的物种 *Benthodytes* sp.

蝶参科的物种

500 ~ 3 000 余米的水层中被发现。这暗示着它们有着惊人的游泳能力，这可能是得益于它们背面那条巨大的“尾巴”。

与偶尔游泳的蝶参相比，浮游参科（Pelagothuriidae）的 *Enypniastes* 属成员有着更加强大的游泳能力。它们的头部和尾部都具有发达的鳍状结构。这些“鳍”同样由一些特化的管足构成。管足之间由蹼相连，看起来像是蝙蝠的翼膜。依靠身体的摆动，它们可以在水层中悬浮和游泳。与蝶参不同，它们一生中大多数时间都在水层中度过，在距离海底几百到几千米的地方翩然起舞。这种强大的游泳能力可以帮助它们躲避底栖的捕食者，寻找远处的觅食场，并进行远距离的扩散，以让自己的族群分布在世界各地。不过，和大多数海参一样，它们

浮游参科的物种 *Enypniastes* sp.

浮游参科的物种 *Enypniastes eximia*

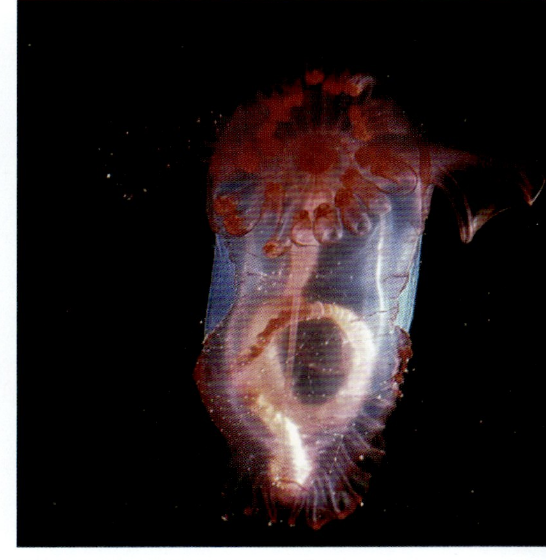
浮游参科的物种 *Enypniastes* sp.

Pelagothuria natatrix

浮游参科浮游参属的 *Pelagothuria natatrix* 是唯一真正意义上营浮游生活的海参。它们在大西洋、太平洋和印度洋距离海面596 ~ 6 776米的水层中漂游。这种海参的外形好似洛夫克拉夫特小说《疯狂山脉》中的远古文明生物“古老者”，口的周围有12只高度特化的足，之间通过膜相连，如同一把伞。这把“伞”可以像水母那样推动身体在水中游动。这种海参在水中通常呈直立的姿势，口朝向上方。它们的口周围有一圈触手用于捕食。它们主要的食物是海水中漂浮的有机碎屑。

仍然以沉积物中的有机物为食。因此，即使有着很强的游泳能力，在进食的时候它们也必须返回海底，无法完全脱离底栖生活。

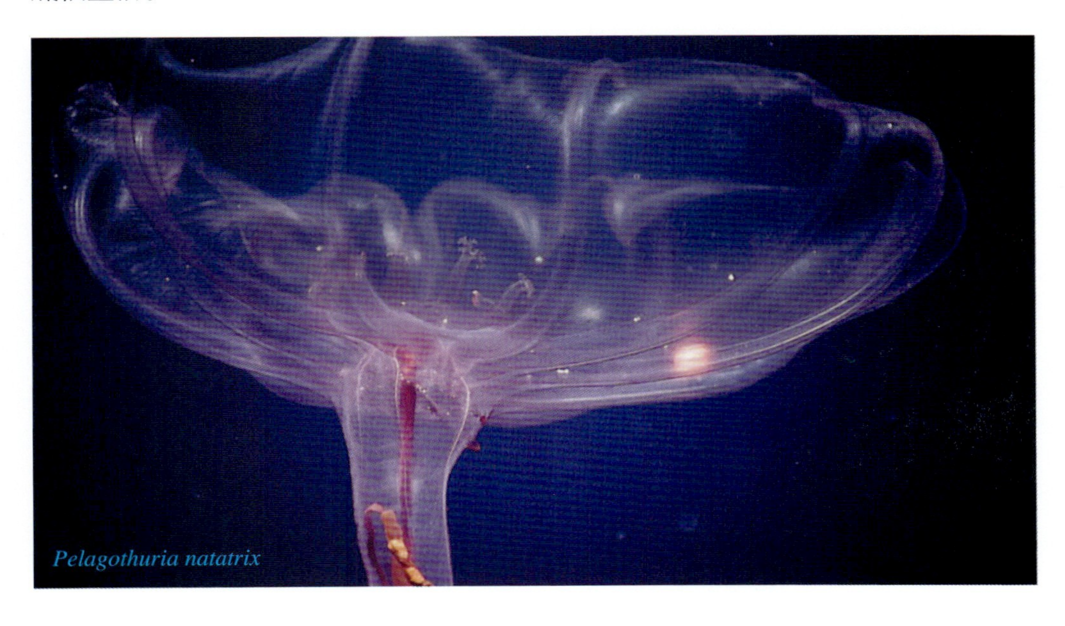
Pelagothuria natatrix

海百合

在深海生长着一些花朵样的生物，它们附着在岩石或沉积物上，拥有细长的“茎”和精巧的羽毛状“花冠”。这些生物并非植物，而是一类古老的棘皮动物。它们因特有的羽毛状的腕而闻名。腕张开时，这些生物看起来就像是一朵朵盛开在海底的百合花，它们也因此得名海百合。海百合的身体大多被石灰质外壳包裹，在外貌上与植物相像。充当“根”的部位通常具有一些触须状的附器，用于将海百合的身体固定在物

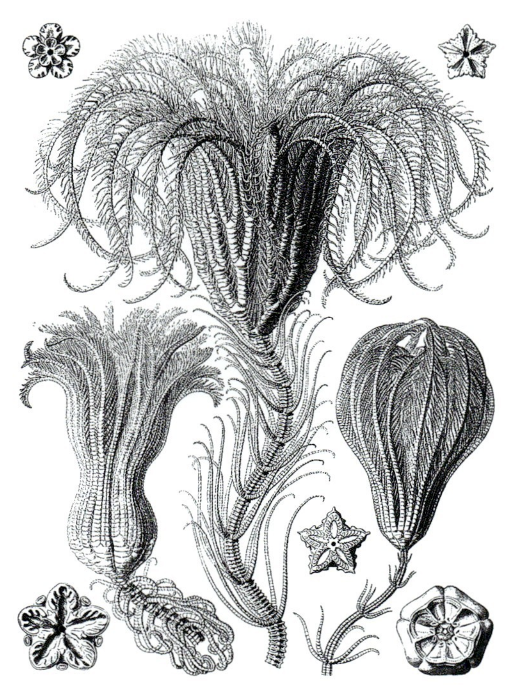

海百合示意图

海百合 *Himerometra robustipinna* 的腕

体表面，被称为卷枝。海百合的“茎”是一个细长的骨质结构，由韧带连接，而“花冠”则由圆锥状的萼和羽毛状的腕组成。海百合和大多数棘皮动物一样，身体呈五辐射对称。不过，它们的腕高度分支，总数量远大于 5 条。这些腕呈羽毛状，表面可以分泌一些黏液。海百合会用这些腕捕获水中的有机碎屑为食。所捕获的有机碎屑汇聚到步带沟中，随着纤毛的运动向位于身体中央

在南海发现的海百合

的口运输。食物消化之后形成的粪便从肛门排出。

海百合纲（Crinoidea）是棘皮动物门中最古老的一个类群，它们的化石最早出现在奥陶纪，距今4.8亿年。如果将疑似为海百合类生物的Echmatocrinus也算进去的话，它们的历史可以上溯到更早的寒武纪。与大多数被我们称为“活化石”的生物类似，海百合在地质历史上也有过一段极为辉煌的岁月。数量惊人、形态各异的化石表明这些生物曾经遍布浅海的海底，占据多个生态位。在古生代，这个类群的多样性和丰度达到了巅峰。化石海百合大多营固着生活，在它们的“花冠”下方长着修长的“茎”。“茎”的长度从几米到几十米不等，最长可以达到40米。海百合的“茎”其实是由许多中央带孔的骨骼堆叠在一起组成的。这些骨骼呈圆盘状或者五角星状，之间由韧带相连。海百合死后，韧带分解，这些骨骼也就散落一地。在古生代的石灰岩沉积物中，这些盘状的骨骼化石随处可见。某些地区的人们将其串成项链佩戴。除了在浅海海床上营固着生活以外，古生代的海百合也占据了一些其他的生态位。某些物种被认为可以固着在掉落海中的浮木上，用“茎”在上、“花冠”在下的姿势倒吊在水中，随着洋流营假浮游生活。它们会张开自己的腕，像是移动拖网那样从水中获取食物。还有一些无柄的物种可能是营游泳生活的，它们有着较强的运动能力，主动捕食猎物。据估计，地球上可能曾经存在过大约6 000种海百合。但是随

深海海百合

之而来的厄运几乎将这些“花朵”全数葬送。在二叠纪末期的大灭绝中，全球超过 90% 的海洋生物都走向了灭亡。大多数海百合也在劫难逃，在这次事件中消失，可是仍然有部分种群被保留了下来。它们留下的“生命的种子”在三叠纪再次盛放，海百合迎来了第二次适应辐射。在此之后出现的海百合大多不是严格的固着生物，它们拥有了更强的活动能力，可以离开所附着的表面躲避掠食者或者寻找新的落脚点。

现存的海百合有 600 多种，远不及古生代时那样辉煌，但也依然繁盛，在某些生态系统中占据了优势地位。海百合纲的大多数现生物种隶属于栉羽枝目（Comatulida），它们只在幼体阶段有“茎”，成体阶

海百合化石种 *Seirocrinus subangularis*

海百合 *Endoxocrinus* sp.

海百合 *Hyocrinus* sp.

段“茎”几乎完全退化。这部分海百合也被叫作羽星，主要生活在浅海。一些羽星有着很强的运动能力，可以通过摆动腕在水层中游动，进行较远距离的迁移，以寻找合适的落脚点。

更加接近祖先的有柄海百合现在被局限在深海中，例如 Hyocrinida 目和等节海百合目（Isocrinida）的物种。这些生物在形态上与繁盛一时的古生代海百合十分相似。深海特殊的环境让这些古老的生物得以幸存、繁衍至今。它们生活在水深 200 ~ 5 000 米的海底，多发现于深海盆地以及海山附近。这些生物利用“根”把自己固定在海底的岩石或者沉积物上，伸展鸟羽般的精致的腕过滤水流中的有机物为食。一些物种可以利用腕在海底爬行，寻找更合适的位置

等节海百合目物种 *Proisocrinus ruberrimus*

在水深 420 米处发现的海百合 *Neocrinus decorus*

固着。深海的海百合可以通过调整腕的姿势更好地获取水流中的食物。它们的腕有很强的再生能力，来自鱼类的啃食通常不会导致海百合死亡，但是一些更加活跃的棘皮动物，例如和海星和海胆，经常会将它们整株吃掉。

海百合是雌雄异体的，但却没有固定的生殖腺。羽星会把生殖细胞黏附在腕上，待其孵化成幼虫再释放；很多生活在比较冷的海水中，尤其是南极海域的海百合则会把受精卵存放在腕上特定的卵囊中；而深海有柄的海百合大多会将精卵细胞直接释放到海水中撒手不管。当受精卵发育为海百合幼虫之后，它们就会自行在海洋中寻找合适的地方降落，就像是一粒种子一样把自己“种”下去。

这些曾经在古生代和中生代“开遍”整个海床的“花儿”们如今依然在无人的深海兀自绽放，这无疑是一件令人兴奋的事。

深海海百合

鱼类

六鳃鲨目的皱鳃鲨和六鳃鲨

鲨鱼，鳃裂开孔于体侧，有 5 ~ 7 对，无鳃盖遮覆。海水从鲨鱼的嘴中进入，从鳃裂中流出。在海水流经鳃的过程中，水中的氧气经过鳃进入鲨鱼体内，而鲨鱼体内的废气则被排入海水。

皱鳃鲨的喉部

大多数鲨鱼有 5 对鳃裂，但皱鳃鲨（*Chlamydoselachus anguineus*）却有 6 对。皱鳃鲨属于六鳃鲨目（Hexanchiformes）皱鳃鲨科（Chlamydoselachidae）皱鳃鲨属（*Chlamydoselachus*），其生活水深从数十米一直延伸到 1 000 多米。它们的鳃裂巨大，第 1 对鳃裂在喉部两侧相连，后 5 对也延伸至腹面。其鳃间隔延长而充满褶皱，皱鳃鲨之名由此而来。在低氧的深海中，这 6

皱鳃鲨

雄性皱鳃鲨（上）和雌性皱鳃鲨（下）

对巨大的鳃裂能够更好地摄取氧气。它们的肝脏较大，里面储存着低密度的脂类，这有利于其在深海漂浮。它们侧线上的感受内毛细胞直接暴露于海水中，能够灵敏地觉察周围生物的运动。

皱鳃鲨可以长到 2 米长。它们的外形十分奇特，有着接近圆柱状的柔软的身体加上蛇一样的头部。乍看之下，它们反倒有点像鳗鱼。因此，它们也被称为拟鳗鲛。它们的嘴长在头的正前方，嘴里长着超过 300 颗分叉的尖牙。这些尖牙在上颌排成 19 ~ 28 排，在下颌排成 21 ~ 29 排，使皱鳃鲨颇有几分外星生物的架势。

皱鳃鲨的牙

皱鳃鲨一般以深海中的头足类、硬骨鱼为食，有时也会吃一些体形比较小的鲨鱼。它们向内弯曲的牙齿能够牢牢勾住猎物的皮肉防止其逃脱，有弹性的口部则让它们能够吃下相当于自身一半大小的猎物。

皱鳃鲨属为现存的较为古老的鲨鱼“家族”之一。在距今大约 9 500 万年的白垩纪晚期，这个“家族”的某些成员就在地球上出现了。现生皱鳃鲨物种在距今数百万年的早更新世才分化出来，但是它们的外观和身体构造同自己的祖先比起来却没有发生太大的变化，因此被称为“活化石”。

六鳃鲨科是六鳃鲨目除皱鳃鲨科以外的另一条分支。关于六鳃鲨科有这么一条冷知识：六鳃鲨科的鲨鱼并不都有 6 对鳃裂，有的有 7 对。和皱鳃鲨“家族”一样，六鳃鲨“家族”也是一个非常古老的“家族”，在侏罗纪就已出现，但现生六鳃鲨的外形要比皱鳃鲨更符合人们心中典型的鲨鱼的形象。灰六鳃鲨（*Hexanchus griseus*）是六鳃鲨目体形最大的鲨鱼，它们的体长能达到 8 米左右。它们广泛分布在温带和热带海域，栖息水深可达 2 500 米。灰六鳃鲨幼年时期会到近岸浅水寻找食物，但是成年后一般在 100 米以深的海域生活。灰六鳃鲨

出现于水深 2 000 多米处的六鳃鲨

灰六鳃鲨

雄性灰六鳃鲨的上、下颌

能以很快的速度追捕猎物。它们的食谱非常广，多种硬骨鱼、虾、蟹甚至鲨鱼都在它们的食谱上。除了活的猎物之外，动物尸体也是它们的重要食物之一。灵敏的嗅觉让它们能够第一时间发现落入深海中的动物尸体，而钢锯般的牙齿能让它们轻松撕咬下猎物身上的肉。这也难怪，在食物贫乏的深海之中，只有不挑食才能更好地活下去。

皱鳃鲨和六鳃鲨的生殖方式为卵胎生。对于卵胎生的鱼类，精子和卵细胞在体内结合，受精卵在体内发育，完全靠自身的卵黄提供营养，只是胚胎的呼吸依靠母体进行。皱鳃鲨每胎可产几条至十几条幼鲨，灰六鳃鲨每胎甚至能产 100 条幼鲨。有的卵胎生的鲨鱼种类，幼鲨会在母体内自相残杀，最终只有少量的个体能够存活下来。相比起体外受精、发育的卵生种类，卵胎生种类能够更好地保护自己的后代，提高了后代的成活率。

巴西达摩鲨

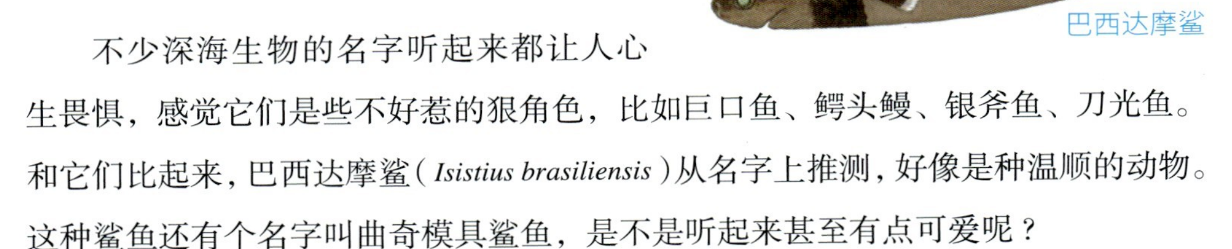
巴西达摩鲨

不少深海生物的名字听起来都让人心生畏惧，感觉它们是些不好惹的狠角色，比如巨口鱼、鳄头鳗、银斧鱼、刀光鱼。和它们比起来，巴西达摩鲨（*Isistius brasiliensis*）从名字上推测，好像是种温顺的动物。这种鲨鱼还有个名字叫曲奇模具鲨鱼，是不是听起来甚至有点可爱呢？

以貌取人不可取，以名字断鲨鱼一样行不通。巴西达摩鲨其实是种凶残的肉食动物。它们的身体长四五十厘米，像一根大型的雪茄，吻部又短又圆，眼睛异常大。最恐怖的是它们那张嘴，肉质唇发达，用以吸附；下颌齿长得像闪着寒光的钢锯，而上颌齿则像数排锋利的倒刺。深海中有很多生物能够发光，但能发光的鲨鱼并不多。巴西达摩鲨就是一种会发光的鲨鱼，而且它们的发光能力很强。它们的发光器官密布喉部以外的整个腹面，所发出的光和海洋中层带（mesopelagic zone，又叫暮光区）光线混合，让它们得以隐藏自身的轮廓，只留下一段小的条状剪影。有人推测这是在模仿小鱼形成的剪影，以此来引诱猎物。很多生物以光线为诱饵，巴西达摩鲨反其道而行之。成群的巴西达摩鲨能让下面的猎物认为是鱼群经过而上钩。

巴西达摩鲨虽然也会吃一些小型的猎物，比如鱿鱼、桡足类、钻光鱼，但更多时候盯上的却是一些比它们还要大的猎物。任何出现在它们视野的中大型生物都可能受到攻击，包括鲸、海豹、鲨鱼、魟等。它们自然无法吃掉这类庞然大物，

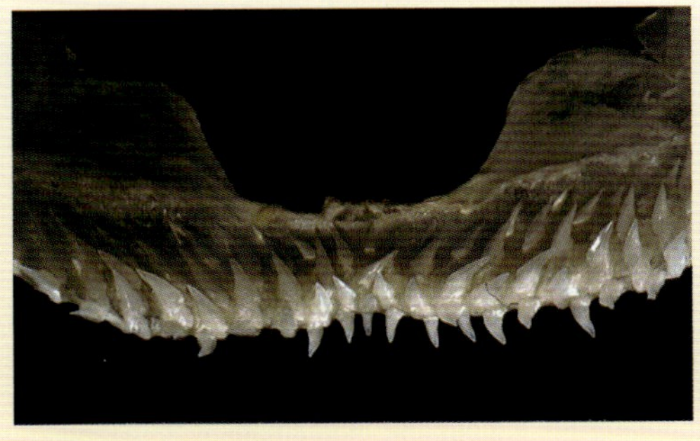
巴西达摩鲨的上颌齿

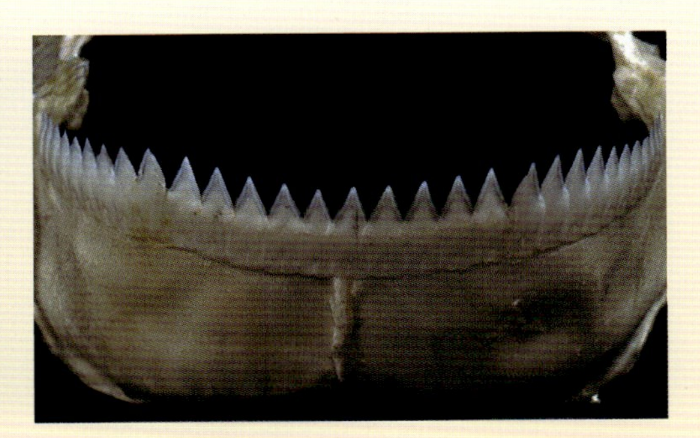
巴西达摩鲨的下颌齿

但它们自有妙计。它们将唇部紧紧贴在猎物的身上，让嘴巴内的压力降低，从而像吸盘一样吸在猎物身上。在这之后，它们用自己的上颌齿固定，锯子一般的下颌齿切入猎物的身体，通过自身的旋转从猎物身上割下一块圆形的肉来。巴西达摩鲨往往会在猎物身上留下数个直径 5 厘米左右、深度 7 厘米左右的“弹坑”，这也是它们“曲奇模具鲨鱼”之名的由来。即使是人类也会被这种鲨鱼攻击，而对很多鲨鱼有效的电击器对它们似乎作用不大。

在远古的萨摩亚传说中有这样一段故事：当鲣鱼游入帕劳利湾时，它们必须将身上的一块肉献给部落酋长“Tautunu”。这是有关巴西达摩鲨的最早的记录，但那时人们并不知道这种神奇鲨鱼的存在。之后的很长一段时间内，人们对造成大型海洋生物身上的圆形伤痕的“凶手”进行了很多猜测，比如七鳃鳗、细菌或是寄生性的无脊椎动物。直到 1971 年美国渔业局（U.S. Bureau of Comercial Fisheries）的埃弗里特·琼斯（Everet Jones）发现了巴西达摩鲨之后，才为那些蒙冤的海洋生物平反。鲨鱼专家斯图尔特·斯普林格（Stewarl Springer）让它的俗名“cookiecutter shark（曲奇模具鲨鱼）”为世人所知，但最开始他给这个鲨鱼起的名字“demon whale-biters（噬鲸恶魔）”可能更代表他内心的想法。

巴西达摩鲨的分布水深可达 3 700 米。夜幕来临，它们上浮到表层海域猎食；黎明时分，它们幽幽下潜至深海栖居。这一“噬鲸恶魔”在温暖的海域分布较广，我国海域也有它们的踪影。

巴西达摩鲨造成的伤口

巴西达摩鲨

宽咽鱼

宽咽鱼（*Eurypharynx pelecanoides*）属于宽咽鱼科（Eurypharyngidae）宽咽鱼属（*Eurypharynx*），又称鹈鹕吞噬鳗。从这一名字，我们就能琢磨出它们的外形特点——嘴大。没错，生活在深海的宽咽鱼有着大得夸张的嘴，和鹈鹕的嘴巴形状有些相似。

宽咽鱼最长不过 75 厘米。它们没有鳞片，没有肋骨，没有鳔，没有腹鳍。它们的上颌骨不能活动，但下颌骨却松松垮垮地“挂”在脑袋上。因此，它们的嘴可以张得非常大，甚至可以吃下比自己的身体还要大的猎物。不过，它们的牙齿很小，和巨大的嘴巴有些不相称，用来捕捉大型动物就有点力不从心了。所以，它们平时的食物大多是一些小型甲壳动物和小鱼。科学家认为它们的大嘴主要是为了在食物匮乏的时期给它们更多选择的余地，而不至于只能寻找小型猎物。捕食时，宽咽鱼喜欢主动出击。它们会悄悄游进猎物群里，突然张大嘴，像渔网一样把一群猎物“网”进嘴里，然后闭上嘴，从鳃部缓慢排出海水，把剩下的食物吞进肚中。由于没有肋骨，它们的胃可以扩张很大，因此，它们可以一次吃下大量的食物。同巴西达摩鲨一样，它们也有昼夜垂直迁移的习性。

它们的大嘴似乎还有别的用处。在遇到捕食者的时候，它们可以一口气吞下大量的海水，把自己的嘴巴撑得满满当当。从外表上看，此时的宽咽鱼俨然变成

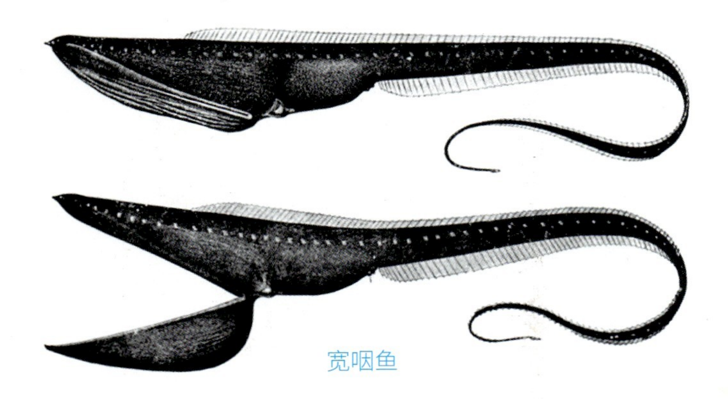

宽咽鱼

了一个“庞然大物”。捕食者一看这家伙居然比自己还大，可能是个狠角色，就会扭头离开。宽咽鱼这招与会充水、气胀大的鲀类有着异曲同工之妙。

宽咽鱼的X光影像

宽咽鱼靠着自己鞭子一样的尾巴摆动前行。在它们的尾巴末端有一个有着诸多触手的复杂发光器官，可以发出红色的闪光。科学家认为这是它们用来吸引猎物的诱饵。但关于宽咽鱼是如何把被吸引到尾巴末端附近的猎物送到嘴里的，科学家仍然不是很清楚。

宽咽鱼的头部

我们对这种神秘的深海生物知之甚少，无论是它们的捕食方式还是它们的繁殖过程。随着我们对深海的研究一步步地深入，这种神秘生物的面纱也会慢慢被揭开。

灯笼鱼

在海洋之中，每夜都有数以百万吨计的生物从深海前往海洋表层，又在白天回到深海。而灯笼鱼，则是这场轰轰烈烈的迁移中的主角。它们既是捕食者，也是猎物。

灯笼鱼是灯笼鱼目（Myctophiformes）灯笼鱼科（Myctophidae）所有鱼类的统称，共有 30 多个属 200 多种。这些体长 2 ~ 30 厘米的小鱼在海洋表层到 1 000 米以深的辽阔海域广泛分布。除了少灯太宁灯鱼（*Taaningichthys paurolychnus*），其他种类的

椭锦灯鱼（*Centrobranchus choerocephalus*）

金焰灯笼鱼（*Myctophum aurolaternatum*）

灯笼鱼身上都分布着许多发光器官，能够发出蓝色、绿色或黄色的光。“灯笼鱼”一名由此而来。它们调节所发出的光的亮度，主要目的是为了伪装，以和周围环境相匹配，让自己的轮廓从底部看上去模糊不清。它们就这样将自己笼罩在微光之中，遁于无形。有趣的是，不同种类的灯笼鱼身上的发光器官的排布是不同的。因此，科学家推测发光或许在它们的种内交流中也发挥作用，尤其是在它们求偶的过程中。

灯笼鱼是分布较广、种类较多、生物量较大的脊椎动物之一。据估计，全球灯笼鱼的总生物量有 5.5 亿 ~ 6.6 亿吨，占所有深海鱼总生物量的 65%。灯笼鱼的主要食物是浮游动物。灯笼鱼根据浮游动物的生活习性安排了自己的“作息”。

白天，大多数种类的灯笼鱼生活在水深 300 ~ 1 500 米的海域。这里的环境利于它们逃避捕食者，更加安全。日落之后，植食性的浮游动物向海洋表层迁移，去享用浮游藻类“大餐”；肉食性的浮游动物则跟随其后，捕食植食性浮游动物；以浮游动物为主食的灯笼鱼也踏上了旅途。天亮时，饱餐的灯笼鱼返回深海潜藏。不是所有的灯笼鱼都会每天进行一次迁移，有些种类的灯笼鱼只是偶尔迁移一次，还有一些灯笼鱼不进行垂直迁移。迁移模式的区别并不仅存在于不同种之间，性别、纬度和季节等因素也会影响灯笼鱼的迁移行为。

天蓝眶灯鱼（*Diaphus coeruleus*）

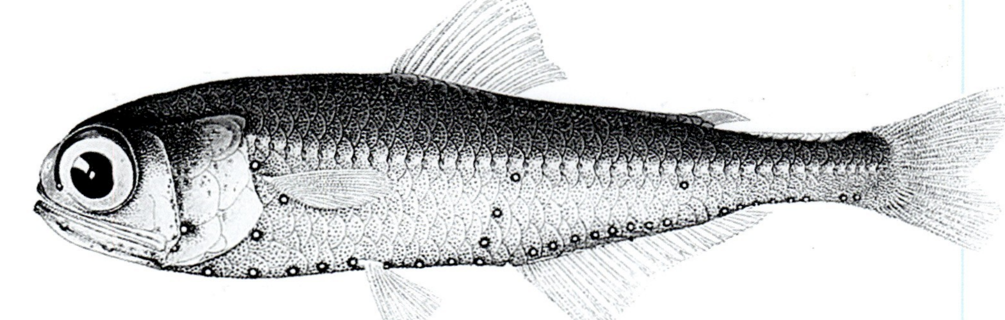

闪光灯笼鱼（*Myctophum nitidulum*）

灯笼鱼是许多海洋生物的主要食物。海豚等海洋哺乳动物，鲨鱼、鲑鱼、金枪鱼等海洋鱼类，企鹅等海鸟，甚至某些大型头足类，都以灯笼鱼为食。随着灯笼鱼的迁移，很多其他生物也会移动，从而形成了一股海洋生物迁移的洪流。捕食浮游动物的灯笼鱼是海洋食物网中不可或缺的一环。

蝰鱼

蝰鱼（*Chauliodus*）是非常凶猛的肉食性鱼类，共有 9 种，我国有两种——斯氏蝰鱼（*Chauliodus sloani*）和马康氏蝰鱼（*Chauliodus macouni*）。

蝰鱼通常长 30 厘米左右，但在深海已经算得上是“巨人”了。长而尖利的牙齿是蝰鱼最典型的特征。它们甚至无法将自己的长牙完全包在嘴内，只能一直露在外面。这种尖牙利齿的家伙白天通常生活在水深 200 ～ 5 000 米

马康氏蝰鱼

的海洋中、深层，夜里会到食物丰富的海洋上层捕猎。它们的食物主要是小型鱼类，如灯笼鱼、钻光鱼。它们的胃很大，基础代谢率很低，因此可以好几天不吃东西，耐心等待猎物的到来。通常，蝰鱼会躲藏在黑暗的深海

斯氏蝰鱼

一动不动，通过背鳍上的发光器发出的闪光来引诱猎物。一旦猎物被吸引到它们的附近，它们就会突然高速冲出，张开嘴巴用自己的尖牙刺穿猎物的身体，把猎物送进嘴中。高速撞击以及牙齿刺入猎物时会产生巨大的冲击力。为了保护自己，它们头部后方的椎骨有着类似安全气囊的减震作用。

刺刀一样的牙齿是蝰鱼的捕猎武器。然而，这种捕猎方式有时候也会对它们的生命造成威胁。如果它们对猎物体形的估计出现偏差，刺穿的猎物过大的话，可能会出现一个十分尴尬的情况——它们既没办法把到嘴的猎物吃进肚里，也没办法把挂在牙齿上的猎物“吐”掉。它们只能和自己的猎物同归于尽了。

蝰鱼的身上有着诸多发光器官。除了背鳍上的发光“钓饵”以外，它们的体侧和腹部也有发光器官的存在。这些发光器官不仅可以帮助它们隐藏自己的身形，同时也是它们的通信工具。人们推测，蝰鱼利用发光器官向异性发出求偶信号，向同伴发出“召集令”，同时也可以警告那些潜在的捕食者：“我体形很大，别打我的主意！”

马康氏蝰鱼头部

带鱼

说起带鱼，大部分人都不会陌生。它们是我们餐桌上的“常客”。

带鱼种类很多，分布十分广泛。全世界有 40 余种带鱼，从大陆架海域到深海都有带鱼栖居。我国四大海域均有带鱼分布，共 10 余种，以东海、南海带鱼种类为多。带鱼外形细长，体表光滑，大多呈银白色，像一把闪着寒光的利剑。带鱼的英文名 cutlassfish（刀鱼）大概因此而得。

带鱼科带鱼属的高鳍带鱼（*Trichiurus lepturus*）是我们常吃的带鱼之一。这种

高鳍带鱼

带鱼的生活范围很广，水深 0 ~ 589 米的热带和温带海域都有它们的分布记录。

高鳍带鱼体长可超过 2 米，体重可达 6 千克。这是一种非常凶猛的鱼。它们主要以小型鱼类、头足动物或者甲

高鳍带鱼

壳动物为食，同类相食的情况也时有发生。在清代赵学敏所著《本草纲目拾遗》中就有这么一段有关带鱼的记载：“渔户率以干带鱼肉一块作饵以钓之，一鱼上钓，则诸鱼皆相衔不断，掣取盈船。”其大概意思是说渔民用一块干带鱼肉钓带鱼，只要有一条上钩，其他的带鱼就一条咬着一条不松口，一次就能钓一大串。

高鳍带鱼表皮有一层厚厚的虹细胞，这些虹细胞内有着大量的 6– 硫代鸟嘌呤晶体，形成了类似镜面的结构。因此，鲜活的高鳍带鱼的身体呈现亮闪闪的银白色。一旦高鳍带鱼死亡，它们

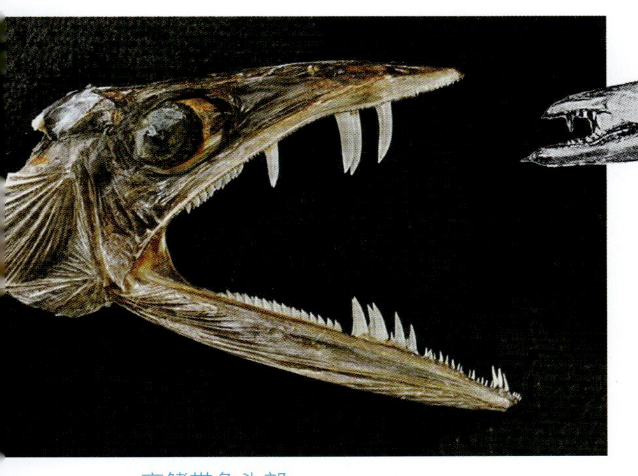

高鳍带鱼头部

太平洋深海带鱼

表皮的油脂被氧化，体色便会发黄，不再光亮如镜。

高鳍带鱼在海洋中大多数时候像“定海神针”一样竖立着，靠背鳍和胸鳍扇动保持平衡。带鱼的体形细长，“平躺着”较容易被捕食者发现。竖立在海中不仅能够节省体力，而且能更好地隐藏自己，躲避捕食者和潜伏着伺机捕猎。一旦它们发现了猎物或逃命时，它们便会把自己的身体“横”过来，快速摆动背鳍，向前游动。

带鱼科中，除了高鳍带鱼，其他不少种类在深海也有分布，如太平洋深海带鱼（*Benthodesmus pacificus*）栖息在北太平洋水深 100 ~ 1 000 米的区域，而黑等鳍叉尾带鱼（*Aphanopus carbo*）的分布水深可达 1 700 米。

黑等鳍叉尾带鱼

角鮟鱇

“生命诚可贵，爱情价更高。若为自由故，两者皆可抛。”在匈牙利大诗人裴多菲的眼里，爱情比生命珍贵，而自由则高于一切。然而，在某些深海鱼眼里，“爱情”远比自由和生命重要。

角鮟鱇在深海中生活，外形奇特而狰狞。它们有长着尖牙的大嘴和可以膨胀得很大的胃。这两样“宝贝”让角鮟鱇能够吃下体形比自己还要大的猎物。曾有渔民在一条约氏黑角鮟鱇（*Melanocetus johnsonii*）的胃里发现了3条总重12.3克的鱼，而这条约氏黑角鮟鱇本身只有8.8克重。

约氏黑角鮟鱇

约氏黑角鮟鱇

角鮟鱇的背部长着一根长长的“钓竿”，钓竿的顶端还有一块能发光的“钓饵”。在黑暗的深海，若有不明就里的生物被这团小小的光亮所蛊惑前来，等候它们的就是角鮟鱇的“血盆大口”。角鮟鱇的“钓竿”由第一背鳍特化而来，有着十分复杂的结构。尖端的“钓饵”之所以能发出光亮，是因为里面有发光细菌共生。角鮟鱇为发光细菌提供了栖居的场所，而发光细菌发出光吸引猎物前来，填饱角鮟鱇的肚子。角鮟鱇可以通过“钓竿”基部的肌肉自如地活动“钓竿”。

“钓竿”不是角鮟鱇的“专利”，鮟鱇目的成员都有这一招摇的诱捕“武器”。不同种类的鮟鱇的“钓竿”外观差别非常大，同种鮟鱇幼鱼和成鱼的“钓竿”外观也可能有异。细瓣双角鮟鱇（*Diceratias bispinosus*）还有两根“钓竿”呢。

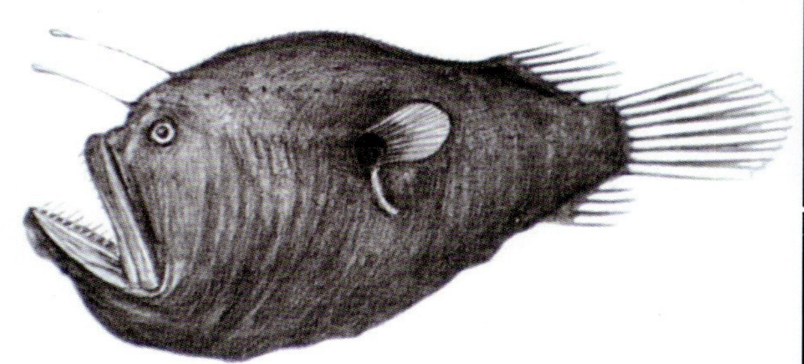

细瓣双角鮟鱇

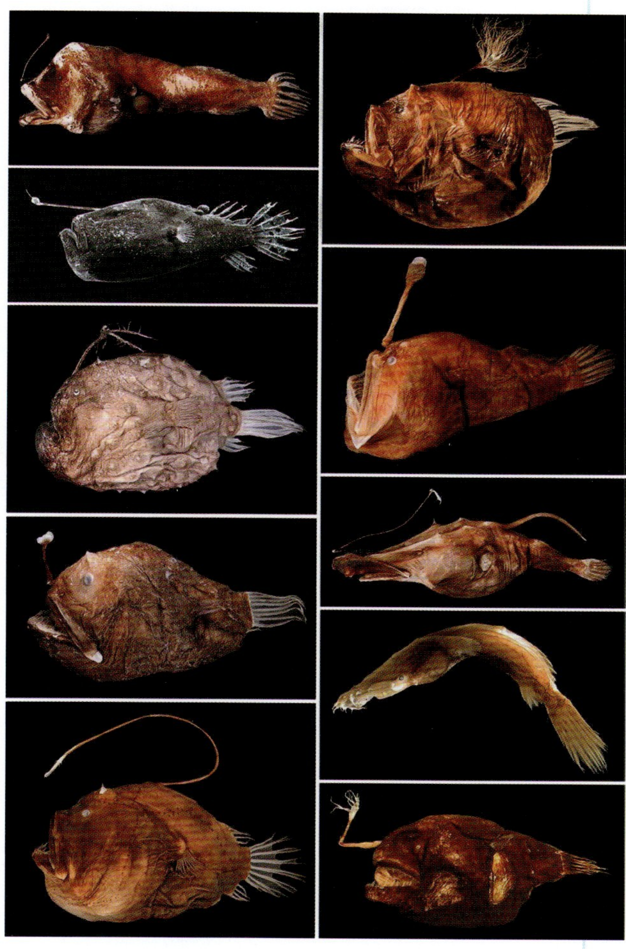

不同种类的角鮟鱇
（来源：Masaki Miya 等）

角鮟鱇的繁殖颇有些悲壮意味。在广袤的深海之中，大多数角鮟鱇都独自生活，相互之间相距较远，想要找到一个伴侣实在并非易事。所以，角鮟鱇一旦找到了伴侣，就不会轻易放手。为此，有些角鮟鱇“发展”出了特殊的“情侣”关系。约氏黑角鮟鱇雌性和雄性的体形差异非常大，雄性的体长只有 2 ~ 3 厘米，雌性体长却能达到 20 厘米。雄性约氏黑角鮟鱇有着“闻香识女人”的能力。它们的嗅觉非常强大，能够循着雌性约氏黑角鮟鱇的气味追踪过去。找到雌性之后，雄性就会附着在雌性身上，成为雌性的“挂件”，与雌性形影不离。当雌性开始排卵的时候，附在它们身上的雄性会同时释放精子。精、卵在海

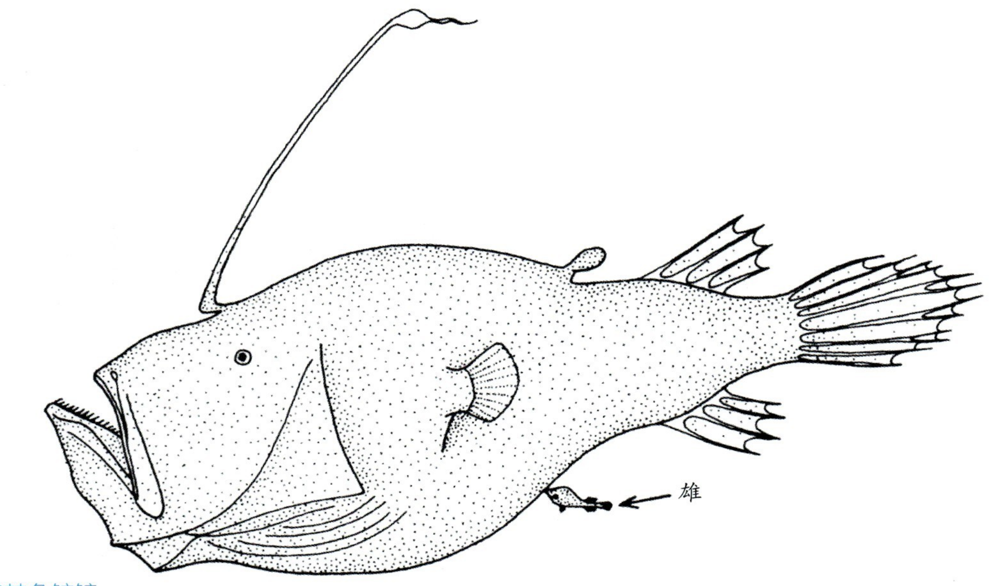

密棘角鮟鱇

水中结合。交配结束之后，雄性才会“松口”，去找新的伴侣。有的种类的角鮟鱇，如密棘角鮟鱇（*Cryptopsaras couesii*）则更极端。雄性密棘角鮟鱇发现雌性之后，会一口咬上去，二者再不分离。雄性密棘角鮟鱇的嘴会逐渐和“新娘”的身体融合，其内脏迅速萎缩，和雌性共享循环系统。雄性不再需要进食，直接通过血液循环就能从雌性身上获得营养。最终，雄性只剩下一对精巢和鳃。密棘角鮟鱇这种繁殖方式称为“性寄生”。有性寄生现象的角鮟鱇中，有的“一夫一妻”；有的一条雌性角鮟鱇身上可以“挂”多只雄性，出现“一妻多夫”的情况。研究表明，有性寄生现象的角鮟鱇基因组中，与适应性免疫有关的基因发生了重大变异。也就是说，为了能和伴侣融合，它们放弃了适应性免疫。

这种特殊的繁殖方式对角鮟鱇来说非常重要，毕竟在深海，雌、雄角鮟鱇相遇的概率非常低。角鮟鱇选择这种生活方式与爱情无关，不过是为了繁衍罢了。当然，不是所有角鮟鱇都这样生活，梦角鮟鱇科（Oneirodidae）的物种就不是如此。

隐棘杜父鱼

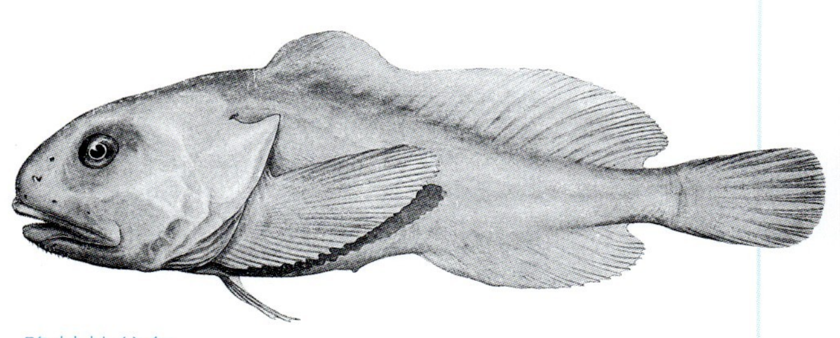
隐棘杜父鱼

说到世界上丑陋的动物，隐棘杜父鱼（*Psychrolutes marcidus*）绝对不会被排除在外。作为公认的“世界最丑动物”，隐棘杜父鱼可能也会感到有些委屈。

隐棘杜父鱼，又称水滴鱼，生活在水深600 ~ 1 200米的海域。人们见到的隐棘杜父鱼都其貌不扬。它们的整个身体像是一团难以名状的粉白色胶状物，给人一种“烂泥扶不上墙”的感觉。它们两眼之间垂下了一坨像是鼻子的赘肉，嘴大唇厚，嘴角下弯，一副不高兴的样子，因此也被称为忧伤鱼。这副面孔让隐棘杜父鱼遭受了来自人类的异样眼光。

但隐棘杜父鱼也有自己的“苦衷”，丑不是它们的错，是把它们捕捞上来的那些人造成的。它们生活的地方的压力比海平面处气压大数十倍甚至上百倍。人的身体绝对不可能承受住这么大的压力。但隐棘杜父鱼不仅承受住了，还生活得不错。当然，它们也付出了“代价”。隐棘杜父鱼“放弃”了大多数硬骨鱼所具有的身体密度调节器官——鳔，骨骼和肌肉都退化了，全身充满密度比水还要略小一些的凝胶状物质。这让它们的游泳能力大幅下降，只能用伏击的方式捕食小型甲壳动物等。

在隐棘杜父鱼被捕捞上岸的过程中，压力的急剧变化对其身体造成了极大的损伤，让它们在我们人类的眼中变得“不成样子”。在自然生活环境中，隐棘杜父鱼很可能并不那么丑。虽然目前并没有拍到深海之中活的隐棘杜父鱼影像，但是人们根据它们的“近亲”为它们画出了肖像。从画像看来，它们的外貌“正常”许多，好看许多。

目前人们对隐棘杜父鱼的生活习性和繁殖习性知之甚少。然而，随着深海捕捞业逐渐发展，不幸的隐棘杜父鱼随着其他生物被一起捞上岸，数量逐渐减少。我们很可能来不及了解这种奇妙的生物，甚至还没看到它们真实的容颜，就已经将它们推向灭绝的边缘。

棱皮龟

棱皮龟

全球目前只有7种海龟。其中蠵龟（*Caretta caretta*）、玳瑁（*Eretmochelys imbricata*）、太平洋丽龟（*Lepidochelys olivacea*）、绿蠵龟（*Chelonia mydas*）、肯普氏丽龟（*Lepidochelys kempii*）和平背龟（*Natator depressa*）这6种海龟都属于海龟科（Cheloniidae），只有棱皮龟（*Dermochelys coriacea*）独立门户，自成一科——棱皮龟科（Dermochelyidae）。棱皮龟是现存最古老的海龟。

棱皮龟和其他海龟相貌大不相同。其他海龟头部有不规则的鳞片；椎骨和肋骨过度生长，形成坚硬的背甲，上覆3列角质的盾片，整个构成了一面坚固而耐用的“盾牌”。特立独行的棱皮龟头部没有鳞片，背部最外面是薄而坚韧的皮肤，皮肤骨化形成众多小骨板，这些小骨板镶嵌形成了柔韧的背甲。7条纵贯背部的棱嵴显得格外霸气，棱皮龟之名也来源于此。在这副“皮囊”之下，则是被厚厚的棕色脂肪层所包围的骨架。

棱皮龟是世界上最大的海龟，全长可以超过2米，体重通常250 ~ 700千克。有文献报道其体重甚至可达1吨左右。它们前肢扁平如桨，臂展可达2.7米，一看就是“游泳健将”。通常情况下，棱皮龟每小时前进1.8 ~ 10.08千米，但是据记载，其最高游泳速度可达35.28千米/小时。棱皮龟分布非常广泛，太平洋、大西洋和印度洋都能见到它们的身影。它们也是善于潜水的大型海洋动物之一。夜晚，棱皮龟更喜欢待在水深200米以内的浅海；而白天，它们则

棱皮龟

在深海中追捕猎物，潜水深度甚至超过 1 000 米。

深海的低温和高压使很多海洋生物望而却步，但棱皮龟却有妙招。棱皮龟绝大部分时间都在运动，运动产生大量热量。此外，棱皮龟自带“暖宝宝”。其体内厚厚的褐色脂肪层不仅是最好的绝热层，也富含线粒体，能够高效产热。棱皮龟演化出了特殊的气管结构。它们的气管是由坚韧的软骨环通过结缔组织紧密连接构成的，可以承受高压而保持正常的结构和功能。气管内面有一层厚厚的血管层，在寒冷的环境中可以通过逆流热交换温暖进入肺部的空气。在高压环境下，柔韧的背甲对棱皮龟也起了一定程度的保护作用。因此，棱皮龟是最善于潜水的爬行动物。

棱皮龟酷爱摄食水母。成年棱皮龟每天要吃掉相当于自身体重 73% 左右的食物，折合 1.6 万卡路里，比它们所需要的能量要高 3 ~ 7 倍。其中绝大部分食物就是水母，其余的则是海绵、海鞘等生物。棱皮龟吃水母时就像人吃果冻一样，靠吸。虽然它们没有牙齿，但是口和食道内分布着密密麻麻的倒刺。棱皮龟通过这些倒刺将食物运送到胃里，同时这些倒刺也能

棱皮龟口中的倒刺

准备产卵的棱皮龟

棱皮龟和它产下的卵

防止“到嘴的鸭子飞走”。棱皮龟并不能分辨水母和塑料制品，因此很多棱皮龟会因为误食塑料制品导致的食道堵塞而死亡。据统计，大约 1/3 的成年棱皮龟吞下过塑料制品。这些进入海洋中的塑料制品威胁到了棱皮龟的生存。

棱皮龟在海中完成交配。雌海龟漂洋过海，到达产卵海域，选择柔软的沙滩，于夜晚掘穴产卵。产卵后，它们会细心地在卵上覆盖上沙子。经过数十天的孵化，小棱皮龟于夜晚破壳而出，爬向大海。

在很多地方，棱皮龟的卵被当作一道不可多得的美食。此外，沙蟹、海鸟、狗等动物也对棱皮龟的卵造成了很大的威胁。而在小海龟奔向大海的过程中，它们会遭受鸟类、螃蟹、蜥蜴等天敌猛烈的

孵化出的小棱皮龟

袭击。在海洋中，小棱皮龟依然面临着被头足类、鲨鱼等捕食的威胁。即便是成年棱皮龟，也有虎鲸、大白鲨等劲敌。在塑料污染、气候变化、栖息地减少等多种因素的影响之下，棱皮龟的数量急剧减少。调查表明，过去的 30 年内，全球棱皮龟的数量下降了 40% 左右，而在东南亚，棱皮龟几乎绝迹。

哺乳动物

抹香鲸

龙涎香在历史上很长一段时间内都有着浓浓的神秘色彩。这种从海上漂来的灰白色蜡状物质有着强烈的腥臭味，但晒干后焚烧能散发出奇特的香味。龙涎香被用作名贵的香料或是药材。然而，龙涎香从何而来，却无人知晓。直到1712年美国开始大量捕捉抹香鲸（*Physeter macrocephalus*），人们才逐渐了解这种神秘的香料原来是抹香鲸肠道内难以消化的固体物质经长时间的复杂变化而形成的。抹香鲸的名字由此而来。

抹香鲸，广泛分布于全世界不结冰的海域，由赤道一直到两极都可发现它们的踪迹。它们主要栖息于南、北纬70度之间的海域，尤其喜欢待在1 000米以深海域。

它们是世界上最大的齿鲸。成年雄性抹香鲸的平均体长约 16 米，体重 40 余吨；而最大的体长超过 20 米，体重达 80 吨。它们的头部非常大，甚至可以占到全长的 1/3！和巨大的身形相比，抹香鲸的嘴巴算得上袖珍。它们只有下颌长着稀疏的圆锥形牙齿，每颗牙齿足有 1 千克重。不过，它们的牙齿并不能用来切碎食物。

抹香鲸牙齿做成的项链

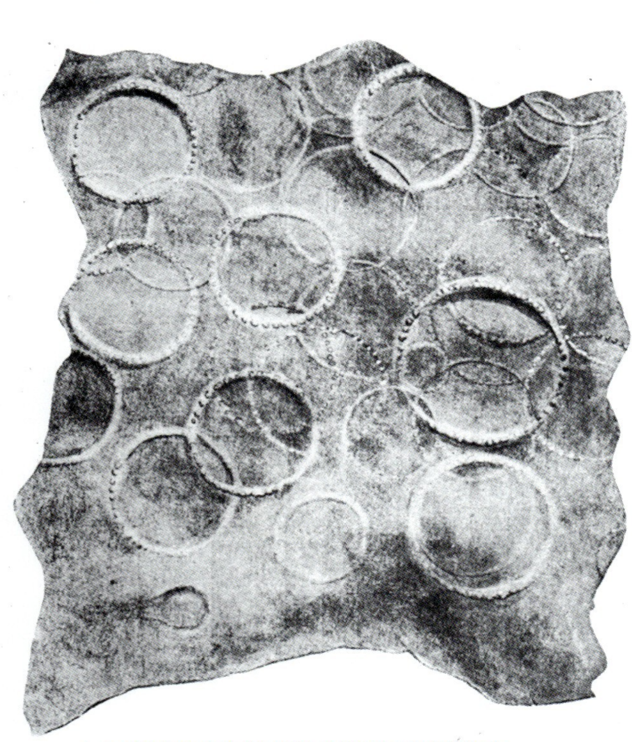

大王乌贼吸盘在抹香鲸皮肤留下圆形伤疤

抹香鲸是除南象海豹（*Mirounga leonina*）和柯式喙鲸（*Ziphius cavirostris*）外潜水最深的哺乳动物。它们的潜水深度超过 2 000 米，最长潜水时间达 1 小时 50 分钟。它们灵活的胸腔能够使肺部塌陷，减少氮的吸入，使每次呼吸的效率大大提高。

它们主要以头足类为食，尤其喜爱深海中的各种枪乌贼。长十几米、重 200 千克以上的大王乌贼也在抹香鲸的食谱中。除此之外，它们偶尔也会吃一些深海中的鱼类。抹香鲸拥有非常强大的消化系统。它们有着世界上最长的肠道，肠道的总长度甚至超过 300 米。它们的胃有 4 个分工不同的胃室。第一个胃室有着非常厚的胃壁，不仅可以用来把食物挤压碾碎，也能抵御还未死亡的枪乌贼的吸盘的攻击。它们的第二、第三个胃室能够分泌不同成分的消化液，负责消化过程。第四个胃室由十二指肠的前段膨大形成，可以将食物储存很长一段时间。

有些食物残渣无法被吸收，这其中就包括枪乌贼的喙和内骨骼。通常情况下，这些硬质残渣在抹香鲸的胃里储存一段时间后会被吐出去，并不会进入肠道。但凡事总有例外。偶尔会有些没能被吐出的硬质残渣随着食物进入抹香鲸的肠道。这些不能被消化吸收的硬质残渣很难直接被抹香鲸排出，会在肠道中停留很长一段时间，形成粪石。粪石在抹香鲸的肠道中与肠道微生物和各种酶发生复杂的作用，最终成功被抹香鲸排出。这些粪石密度比海水小，会漂在海面上随着海浪“远行”，被人们捡到后摇身一变，成了名贵的香料——龙涎香。

龙涎香

抹香鲸

抹香鲸大脑标本

抹香鲸的大脑平均重达 7.8 千克，最重的超过 9 千克，是已知所有生物中最大的。抹香鲸巨大的头部还有多达 1 900 升的神奇的成分——鲸脑油。鲸脑油是蜡酯和甘油三酯的混合物，可能在抹香鲸的交流、回声定位、浮力调节方面发挥重要作用。鲸脑油是用来做蜡烛或者润滑油的好原料。

18 世纪到 20 世纪，身怀鲸脑油、鲸油、龙涎香的抹香鲸成为人们捕杀的对象。如今，虽然商业捕鲸已被禁止，但船只撞击、渔网缠绕和环境污染依然威胁着这些海中巨兽。目前，抹香鲸被世界自然保护联盟列为易危物种。

让人忧心的深海污染

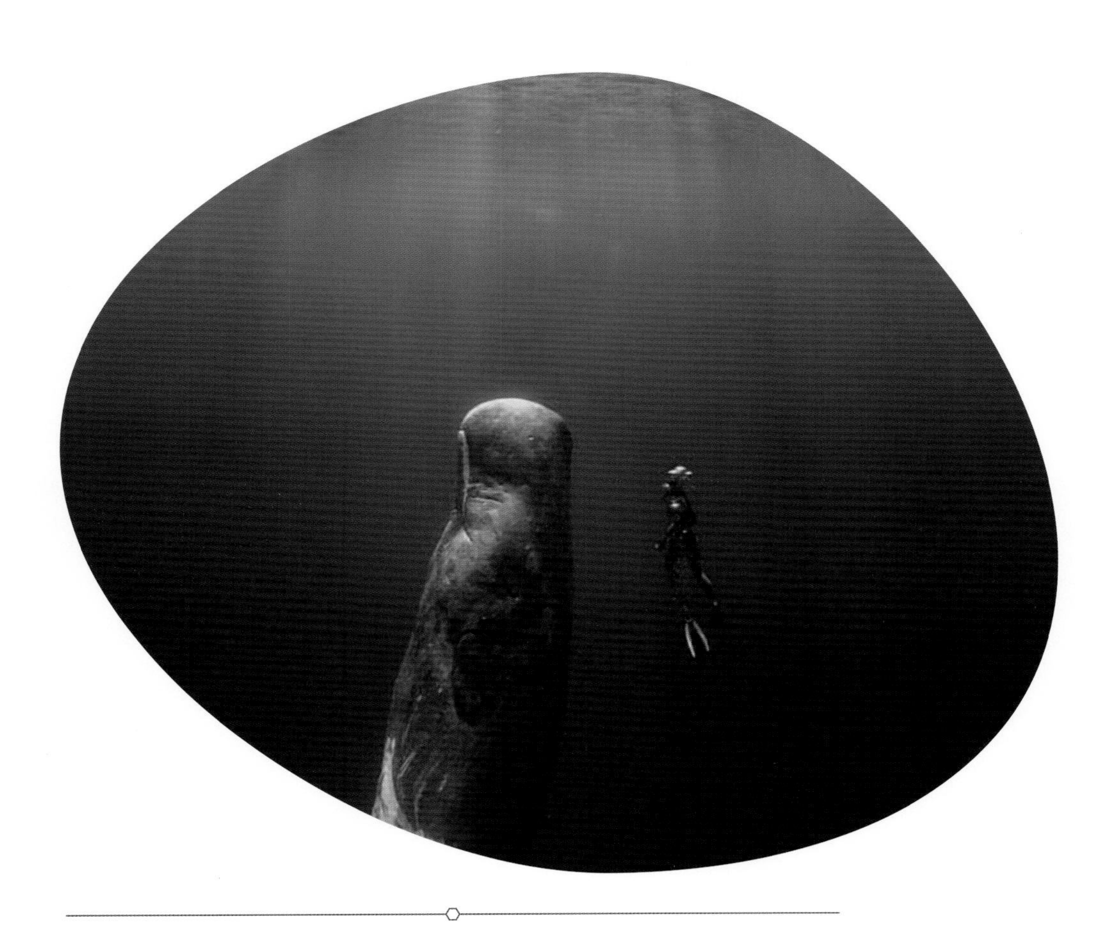

这里曾是隐没在黑暗中的无人问津的“世外桃源”，静静养育着万千生命。然而，随着人类社会的发展，人类活动的影响波及这片纯净的深海秘境。面对让人忧心的深海污染，无辜的“原住民”该何去何从，我们又该如何行动？

在孩童的想象中，深海理应是一片净土。从我们第一次窥见深海的真容至今也不过 100 年的时间。在那之前，深海是无人踏足的秘境。这里远离巨大的烟囱、滚滚的浊流，远离人类社会工业化带来的纷扰。这里有着巨大的空间，似乎足以稀释一切不净，缓冲所有伤害。长期以来，人们一度认为这片广阔而幽深的水域是地球上最纯净的地方。

然而，事实并非如此。越来越多的证据表明，随着人类活动的影响，这片曾经的无垢之地也和地球上绝大多数角落一样，面临着日益严重的生态问题。

塑料污染一直以来都是颇为严重的海洋生态问题之

深海海山环境

一。塑料制品由人造高分子化合物构成，在自然界中极难降解。全球每年约有 800 万吨的塑料垃圾流入海洋，它们是海洋垃圾的主要组成成分。它们会随着洋流在海中漂荡或者在特定的地点堆积成山。这些垃圾会造成严重的生态隐患。大块的塑料垃圾很容易被大型海洋动物误食，尤其是海鸟、海龟以及鲸。这些无法消化的碎片会堵塞在海洋动物的消化道内，最终带来的结果往往是死亡。令人震惊的是，即使是在距离海面 10 000 余米的深海也发现了塑料的存在。科学家建立了一个深海垃圾数据库。该数据库汇总了来自世界各地科研团队的众多调查资料，包括深海科考与作业过程中拍摄到的诸多影像。其中一张于 1998 年拍摄的照片引起了人们的关注。这张照片拍摄于马里亚纳海沟深处，距离海面 10 898 米。人们在这世界上最深的海沟里居然也发现了一个塑料袋，而这只是该项目统计的 3 000 多个深海垃圾碎片中的一个。它的出现向人们昭示地球上早已不存在所谓的净土，人类的活动将这些塑料“幽灵”带到了世界上的每一个角落。

海绵不远处有一个啤酒瓶

海洋中的塑料垃圾

接下来几百年的时光里，这些白色“幽灵”都将一直存在在那里。

更加令人不安的是，海洋里的大块塑料垃圾会随着时间的推移不断磨损解体。在海浪和礁石的摩擦下，它们逐渐化整为零，成为更加微小、无孔不入

在深海生物体内发现微塑料

的微塑料。微塑料特指那些直径小于 5 毫米的塑料颗粒，它们的来源除了大型塑料垃圾的分解，也包括人类生产并排放的微塑料制品，例如化妆品中的塑料微粒以及化纤织物上的细小纤维。微塑料会堵塞小型生物的进食通道，并且由于其较大的比表面积，会在表面富集更多的有毒物质，可能导致生物的疾病。这些微塑料可以被体形微小的浮游生物以及贝类等底栖生物摄入，但由于其无法被消化，只能停留在生物体内。这些生物是食物链的基石。通过捕食作用，微塑料会被更高营养级的生物摄取，并从此在食物链中不断传递和富集。生物所处的营养级越高，其承担的风险越高。最终这些微塑料将被食物链顶端的人类摄入。深海是否可以逃过被微塑料污染的命运呢？答案是否定的。我国科学家对马里亚纳海沟 2 673 ~ 10 908 米深处的底层海水以及沉积物中的微塑料进行了检测，结果显示马里亚纳海沟中微塑料的含量明显高于大洋水域。幽深的海沟不但已经被污染，而且还可能是全球海洋微塑料的重要储存库。对于深海脆弱而独特的生态系统而言，这无疑是一个噩耗。

与微塑料类似，持久性有机污染物也是一类可以在自然界中长期存在并通过食物链不断富集的有毒污染物，大多是一些农药及化工产品或副产品，包括多氯联苯、多溴联苯醚等。这些物质有很高的毒性，可以导致生物的畸形、不育甚至癌变。与微塑料相比，它们还具有一定的挥发性，可以通过大气进行远距离的运输。科学家在马里亚纳海沟深处的沉积物中同样发现了高浓度的多氯联苯类持久性有机污染物。不但如此，对该海沟中深海端足类生物的研究得出的结果更加不容乐观。这些采集自马里亚纳海沟深处的端足类生物体内富集了大量的持久性有机污染物，其水平竟然与生活在污染严重的工业区的生物样本相当。科学家认为，这些有毒的污染物附着在塑料颗粒或者动物的尸体内，在水层中不断下沉，富集在海沟内，并被端足类生物摄入，再度进入食物链的循环之中。海沟独特的地貌可能让其成为一个藏污纳垢的场所。

深海生物群落

深海调查

深海探测

这些证据无不显示，将深海视为人类活动无法企及的净土不过是痴人说梦。在今天，虽然人类对于深海的认知依然有限，但是深海早已经认识了人类，同时也承载了人类给它造成的无数伤痕。

与此同时，随着人类将发展的目光逐步移向深海，这片海域无可避免地将会迎来人类越来越频繁的造访。人类在深海的每一次活动都意味着要与这个生态系统中的“原住民”亲密接触，都可能给这里带来一定的风险，例如前文提及的深海渔业与深海矿业。我们从遥远的陆地有备而来，而它们所熟悉的仅是这一片静谧和黑暗。这片静谧和黑暗如果消逝，它们很可能无所适从甚至一同消失。它们中的一些无比脆弱，以至于我们一次鲁莽的行动就可能对它们造成毁灭性的打击。

发展的脚步不会停止。深海蕴藏着丰富的资源，这是自然给予人类的宝库，给人类社会发展提供了新的机遇。机遇也必然伴随着挑战。如何合理地开发深海资源，如何科学地利用机遇，如何在发展的同时保护深海的生态、保护黑暗中的“居民”，如何弥补和防止我们已经或将来可能对海洋造成的伤害，这些是我们当下面对也必须解决的问题。

图书在版编目（CIP）数据

奇妙生物圈 / 李新正主编. — 青岛 ：中国海洋大学出版社，2021.12（2023.11重印）
（跟着蛟龙去探海 / 刘峰总主编）
ISBN 978-7-5670-2752-7

Ⅰ. ①奇… Ⅱ. ①李… Ⅲ. ①海洋－生物圈－青少年读物 Ⅳ. ①Q148-49

中国版本图书馆CIP数据核字(2021)第013283号

奇妙生物圈 Wonderful Creatures

出 版 人 杨立敏
出版发行 中国海洋大学出版社
社 址 青岛市香港东路23号
网 址 http://pub.ouc.edu.cn
项目统筹 董 超
责任编辑 孙玉苗
印 制 青岛海蓝印刷有限责任公司
版 次 2021年12月第1版
印 次 2023年11月第2次印刷
印 数 5 001～8 000

邮政编码 266071
订购电话 0532-82032573（传真）
电 话 0532-85901040
电子信箱 94260876@qq.com
成品尺寸 185 mm × 225 mm
印 张 12
字 数 168千
定 价 39.80元

发现印装质量问题，请致电 0532-88786655，由印刷厂负责调换。